Sisay Derso Mengesha

Estado ecológico das fontes termais em Amhara Oriental, Etiópia

Sisay Derso Mengesha

Estado ecológico das fontes termais em Amhara Oriental, Etiópia

ScienciaScripts

Imprint

Any brand names and product names mentioned in this book are subject to trademark, brand or patent protection and are trademarks or registered trademarks of their respective holders. The use of brand names, product names, common names, trade names, product descriptions etc. even without a particular marking in this work is in no way to be construed to mean that such names may be regarded as unrestricted in respect of trademark and brand protection legislation and could thus be used by anyone.

Cover image: www.ingimage.com

This book is a translation from the original published under ISBN 978-3-659-79619-7.

Publisher:
Sciencia Scripts
is a trademark of
Dodo Books Indian Ocean Ltd. and OmniScriptum S.R.L publishing group

120 High Road, East Finchley, London, N2 9ED, United Kingdom
Str. Armeneasca 28/1, office 1, Chisinau MD-2012, Republic of Moldova, Europe
Printed at: see last page
ISBN: 978-620-6-15407-5

Resumo

Estado ecológico das fontes termais na região oriental de Amhara: Macroinvertebrados e diversidade de aves

Resumo As nascentes são os locais onde a água subterrânea é descarregada em locais específicos. O tipo de água que descarregam é muito variável. As nascentes quentes são aquelas em que a temperatura da água é significativamente superior à temperatura média anual do ar na região. A temperatura é um dos factores mais importantes que determinam a abundância e a distribuição das espécies. O objetivo deste estudo é examinar a relação entre os parâmetros biológicos (macroinvertebrados e diversidade de aves) e a qualidade físico-química da água e do habitat das fontes termais na região de Amhara Oriental. Foi efectuado um estudo transversal dos componentes físicos, químicos e biológicos das fontes termais para avaliar o seu estado ecológico. As amostras foram recolhidas de março a maio de 2013. Foram recolhidas amostras biológicas para fornecer uma descrição qualitativa da composição da comunidade em cada local de amostragem. Foram recolhidas amostras de água para análise de parâmetros físico-químicos selecionados, seguindo os protocolos de avaliação da qualidade da água. Foi recolhido um total de 1095 macroinvertebrados classificados em 10 ordens e 31 famílias de macroinvertebrados nos 12 locais de amostragem. As ordens mais abundantes foram Diptera 49,90%, Odonata 15,53%, Coleopteran 12,97% e Ephmeropetra 9,5%, representadas por 14 famílias. Foram registadas 2484 aves pertencentes a 56 espécies nos 12 locais de amostragem. O papa-figo-de-cabeça-preta (Oriolus Larvatus), o abibe (Vanellus spinosus), o tecelão-de-óculos (ploceous ocularis) e a alvéola-amarela (Motacilla flava) foram as espécies de aves mais abundantes na área de estudo, representando 35% do total de espécies. Os taxa de macroinvertebrados estavam ausentes nos locais B1 e H1 com a temperatura de 72^0 C e 70^0 C, respetivamente. No entanto, neste estudo, os taxa de macroinvertebrados (Chironomidae e Hydrobiidae) foram encontrados a uma temperatura de 52° C nos locais S1 e H1. Os resultados também revelam que, à medida que o gradiente de temperatura diminui, a diversidade de macroinvertebrados aumenta. Devido a este facto, tanto a diversidade de macroinvertebrados como o índice biótico familiar foram negativamente correlacionados com a temperatura e as correlações foram significativas. A perturbação humana e as condições de habitat variaram consideravelmente entre os locais da área de estudo. Embora a perturbação humana e a poluição da água estejam entre os factores que influenciam a qualidade ecológica, as fortes correlações entre a temperatura da água e a diversidade de espécies sugerem que a temperatura é o principal gradiente ambiental que afecta a biodiversidade aquática nas fontes termais.

Palavras-chave: Fonte termal. Macroinvertebrados. Estado ecológico. Macroinvertebrados. Aves. Diversidade. Amhara Oriental

Reconhecimento

Tenho uma dívida especial de gratidão para com os meus conselheiros, Dr. Argaw Ambelu e Dr. Abebe Beyene, pelo seu apoio, orientação e comentários valiosos para levar este trabalho até esta fase. Gostaria de estender mais uma vez a minha sincera gratidão ao Dr. Argaw Ambelu pela sua paciência, compreensão, persistência e assistência para além do trabalho de tese. Quer ele tenha ou não consciência deste facto, aprendi muito com ele durante o período de investigação. O meu agradecimento especial vai também para o Sr. Melaku Getachew, pelo seu trabalho de investigação sobre a área e pela sua gentil contribuição no acesso a materiais e informações importantes, organização do transporte e participação em todos os trabalhos de campo em ambas as rondas de recolha de dados. Agradeço toda a sua orientação e apoio ao longo deste desafio. Gostaria de expressar a minha profunda gratidão ao Sr. Aymere Awoke, que me deu uma ajuda prática em experiências laboratoriais, identificação de macroinvertebrados e seleção de índices bióticos.

Gostaria de estender os meus agradecimentos à Universidade de Jimma pelo financiamento desta investigação, em especial ao Departamento de Ciências e Tecnologias da Saúde Ambiental, que autorizou a utilização de todo o equipamento e materiais necessários para a realização e conclusão desta tese. Estou também muito grato ao pessoal dos laboratórios, especialmente a Ato Seyoum Derb e Yared Getachew, que me ajudaram no laboratório. Tenho de agradecer a orientação dada por outros membros do departamento ff supervisores e candidatos a doutoramento, bem como pelos painéis, especialmente na minha proposta e defesa simulada, que melhoraram as minhas capacidades de apresentação da tese graças aos seus comentários e conselhos. Os meus agradecimentos especiais vão para os meus colegas de turma e para os alunos do primeiro ano de EnST que me ajudaram a reunir literatura, procedimentos, preparação de soluções padrão e sugestões.

Além disso, gostaria também de reconhecer com grande apreço o papel crucial das minhas famílias, especialmente do meu querido Tsehay Amare, que me apadrinhou totalmente, pelo seu apoio total, dando amor e esperança para estar aqui.

COMO PODEREI REPARAR AO SENHOR POR TODOS OS SEUS ATOS DE BONDADE PARA COMIGO" Salmos 116:12.

ÍNDICE DE CONTEÚDOS:

Abreviaturas

APHA	America Public Health Association
ASPT	Average Scoring per Taxa
BC	Before Christ
BOD	Biochemical Oxygen Demand
BOD_5	Biochemical Oxygen Demand for five days
BSc	Bachelor of Science
CCA	Canonical Correspondence Analysis
CFU	Colony Forming Unit
COD	Chemical Oxygen Demand
DO	Dissolved Oxygen
FBI	Family Level Biotic Index
Ha	Hectare
ISO	International Standard Organization
NBI	Nutrient Biological Index
SASS	South Africa Scoring System
TDS	Total Dissolved Oxygen
TN	Total Nitrogen
TP	Total Phosphorus

CAPÍTULO 1
INTRODUÇÃO

1.1 fundo

As nascentes são os locais onde a água subterrânea é descarregada em sítios específicos da terra e variam drasticamente quanto ao tipo de água que descarregam. É descrita como uma descarga concentrada de água subterrânea que aparece à superfície como uma corrente de água corrente (Oliver, venter, & Jonker, 2011). Muitas das nascentes são o resultado de longas fissuras ou juntas em rochas sedimentares. As nascentes que descarregam água a uma temperatura superior à da água subterrânea local normal são designadas por nascentes termais. As nascentes termais são fenómenos geológicos naturais que ocorrem em todos os continentes. As fontes termais são fenómenos geológicos naturais que ocorrem em todos os continentes. As fontes termais têm uma temperatura da água significativamente superior à temperatura média anual do ar nessa região (Bhusare & Wakte, 2011).

Na estação das chuvas, a água desce por detrás da falha e força a nova água aquecida a subir ao longo da linha de falha para vir à superfície como uma nascente quente ou morna. Se a água se mover lentamente das profundezas para a superfície, arrefecerá novamente antes de borbulhar como uma nascente. No entanto, muitas destas nascentes ocorrem em formações calcárias onde as aberturas permitem que a água chegue à superfície, podendo criar uma conduta virtual para a superfície. As fontes termais contêm vida mesmo muito antes de chegarem à superfície, e a água quente das fontes permite a sobrevivência de uma abundância de algas e bactérias, designadas por microrganismos termofílicos (Sen, Mohapata, Satpathy, & Rao, 2010).

As provas arqueológicas mostram que as fontes termais têm sido utilizadas para fins religiosos e/ou medicinais desde antes de 2000 a.C. na Índia e há centenas de anos em Creta, Egito, China, Japão, Turquia e em muitos países europeus e do Médio Oriente. Muitas fontes termais transformaram-se em prósperos centros de religião, cultura e saúde, como as de Bath, em Inglaterra, Vichy, em França, e Baden-Baden, na Alemanha (Oliver, venter, & Jonker, 2011).

Os sistemas de fontes termais activas e fósseis ocorrem em todo o mundo e partilham muitas caraterísticas comuns que indicam histórias genéticas comuns. As fontes termais activas ocorrem como expressões superficiais de áreas geotermicamente e vulcanicamente activas, normalmente associadas a rochas vulcânicas de composição riolítica. Estas fontes termais são também comuns numa variedade de rochas em áreas de dobras e falhas geologicamente recentes. As fontes termais fósseis estão presentes como porções extintas de sistemas modernos e activos, e preservadas no registo geológico como depósitos minerais epitérmicos (Kruse, 1997).

Os microrganismos que prosperam em sistemas hidrotermais terrestres e marinhos de temperatura elevada foram observados e inspeccionados por vários autores. A temperatura é um dos factores mais importantes que determinam a abundância e a distribuição das espécies. As temperaturas elevadas no solo e/ou na água exercem pressão sobre as espécies microbianas, levando à seleção de uma flora específica capaz de tolerar e sobreviver ao stress térmico. Algumas espécies podem sobreviver às temperaturas elevadas das fontes termais ou em vários outros ambientes adversos. O mecanismo de defesa que as células utilizam quando confrontadas com temperaturas elevadas no seu ambiente local é conhecido como a resposta ao choque térmico. Esta resposta tem sido amplamente descrita tanto em eucariotas como em procariotas (Bhusare & Wakte, 2011).

A Etiópia possui a quinta maior composição florística da África tropical. Sabe-se que existem 284 espécies de mamíferos terrestres na Etiópia. Entre estas, 31 (11%) são endémicas. Existem cerca de 926 espécies de aves listadas para o país, das quais 21 são endémicas e 19 estão globalmente ameaçadas. A nível nacional, foram identificadas 73 Áreas Importantes para as Aves (IBAs), 30 das quais incluem zonas húmidas, enquanto as restantes são representantes de outros ecossistemas (Aynalem & Bekele, 2008).

1.2 Declaração do problema

As nascentes termais são os recursos naturais menos estudados e menos utilizados de todos. No entanto, o reconhecimento crescente do valor dos recursos geotérmicos sugere que haverá um reacender do interesse pelas nascentes termais num futuro próximo. O desenvolvimento em torno deste recurso deve ser amigo do ambiente e ter em conta o seu impacto na saúde humana e animal. Vários estudos descobriram que a água geotérmica pode conter elementos tóxicos como o arsénico e o mercúrio (Oliver, venter, & Jonker, 2011).

Muitos etíopes acreditam que a água das fontes termais pode aliviar uma série de doenças e é considerada a mais limpa de todas. As propriedades físico-químicas da água de sete nascentes hipertermais da Etiópia foram analisadas e revelaram que o pH, a turvação, o cloro, o sulfato, o nitrato, o nitrito e o amoníaco se encontravam dentro dos limites estipulados pela OMS para a água potável. Os iões de bicarbonato e sódio, incluindo os valores de condutividade, eram elevados. Como a prática não é higiénica, a água pode causar diarreia infecciosa aguda, episódios repetidos ou crónicos de diarreia e outras doenças não diarreicas, que podem resultar das espécies químicas (Haki & Gezmu, 2012).

A qualidade ecológica e a segurança das águas superficiais sofrem ainda hoje uma forte degradação devido às actividades antropogénicas que afectam diretamente o leito das águas (por exemplo, pesca, desvio de água, irrigação e barragens), bem como às que alteram o território em torno dos cursos de água (por exemplo, agricultura, pecuária, complexos industriais e urbanos). Além disso, os rios continuam a ser utilizados como recipientes para todo o tipo de resíduos, o que conduz à eutrofização, à poluição orgânica, à acidificação e às alterações hidrológicas e hidromorfológicas (Torrisi, Scuri,

Dell'Uomo, & Cocchioni, 2010).

Embora as análises físico-químicas da água possam fornecer uma boa indicação do nível de poluição em rios e riachos, essas análises não consideram o estado das comunidades biológicas e, portanto, não podem refletir adequadamente a condição dos ecossistemas de água doce. Em consequência, nas últimas décadas, o uso de métodos biológicos tem sido promovido e recomendado como uma técnica útil e complementar para a avaliação da poluição da água doce (Camargo, Gonzalo, & Alonso, 2011). O uso de abordagens biológicas para determinar os efeitos ecológicos da poluição tem mais vantagens do que determinar a poluição usando apenas métodos físico-químicos, porque as variáveis físico-químicas dão informações sobre apenas a situação da água no momento da medição (Rosenberg & Resh, 1993).

A avaliação do estado dos rios através de métodos biológicos é atualmente comum na maioria dos países temperados. Vários destes métodos foram padronizados e incluídos em programas de monitorização nacionais e regionais ((De Pauw, Gabriels, & Goethals, 2006), (Hering, et al., 2003)), servindo de base para decisões políticas relativas à gestão de águas superficiais. No entanto, este não é o caso na maioria dos países tropicais, onde os métodos físico-químicos, alguns dos quais requerem análises laboratoriais dispendiosas, são predominantemente utilizados para avaliar a qualidade das águas correntes. Uma vez que a maioria das regiões tropicais é constituída por países em desenvolvimento, os seus recursos técnicos e financeiros limitados para as questões ambientais restringem o estabelecimento de programas nacionais de monitorização, pelo que são necessários programas de monitorização com uma boa relação custo-eficácia. Após um processo de adaptação, teste e padronização, os índices bióticos para macroinvertebrados podem ser sistemas fiáveis para aplicação na gestão de rios de regiões tropicais (Dominguez-Granda, Lock, & Goethals, 2011). Os macroinvertebrados são ricos em espécies, respondem a uma vasta gama de condições ambientais, são relativamente imóveis e vivem em contacto estreito com os sedimentos de fundo e com a coluna de água, tendo assim o potencial de exposição a tensões através de vias sedimentares e aquosas (Brazner, et al., 2007).

Para cumprir os objectivos de desenvolvimento do milénio e garantir a sustentabilidade ambiental na Etiópia, os sistemas de indicadores ecológicos podem ajudar os gestores fluviais a analisar o estado dos cursos de água e a selecionar acções críticas de restauração. Para utilizar os macroinvertebrados como instrumentos de monitorização e avaliação da qualidade da água dos rios, a Etiópia necessita de dados de referência, bem como de condições perturbadas dos ecossistemas de águas de superfície (Ambelu, Lock, & Goethals, 2010).

Os factores específicos do sítio, como as condições hidráulicas locais e as caraterísticas do substrato que influenciam a estrutura da comunidade de macroinvertebrados, podem complicar a avaliação dos impactos. As informações necessárias para comparar a capacidade de cada habitat para indicar o impacto dos factores de pressão são frequentemente limitadas devido à utilização de diferentes técnicas de amostragem em riachos e charcos. As zonas de riffles relativamente pouco profundas, facilmente acessíveis por vadear, são estudadas com mais frequência do que os charcos mais profundos (Pace, et al., 2011).

A informação está longe de estar completa para a maioria das espécies de aves nas diferentes regiões. A concentração de espécies de aves ameaçadas é maior nos trópicos do que noutros locais. Das 1 029 espécies ameaçadas, 884 ocorrem em países em desenvolvimento. Assim, o ónus da conservação das espécies ameaçadas recai sobre os países em desenvolvimento, onde os recursos são escassos para medidas de conservação eficazes (Aynalem, Bekele, & Getahun, 2008).

A poluição tem sido uma das principais perturbações antropogénicas impostas aos sistemas fluviais desde o desenvolvimento das primeiras civilizações, embora a maior parte dos problemas iniciais se situasse na proximidade de centros populacionais. Em meados do século XX, longos troços de ribeiros e rios não tinham peixes no interior e a jusante das grandes aglomerações industriais, como Londres, as Midlands industriais e o Norte de Inglaterra. Muitos cursos de água estão poluídos grosseiramente até às suas nascentes, não restando quaisquer troços limpos e não perturbados (Langford, Shaw, Ferguson, & Howard, 2009).

CAPÍTULO 2
REVISÃO DA LITERATURA

2.1 Ecossistema aquático

O Índice de Integridade Biológica (IBI) é uma ferramenta essencial na avaliação ambiental, recuperação e conservação dos ecossistemas aquáticos. Estes sistemas são altamente vulneráveis aos impactes humanos. O declínio da biodiversidade é muito maior nas águas doces do que nos ecossistemas terrestres mais afectados. Nas últimas décadas, as taxas de extinção de organismos de água doce na América do Norte foram cinco vezes maiores do que outras estimadas para qualquer habitat terrestre (Ruaro & Gubiani, 2013).

A quantidade e os tipos de vegetação aquática presentes nos ecossistemas aquáticos podem ser influenciados por numerosos factores físico-químicos, incluindo a disponibilidade de luz, a química da água, a exposição às ondas e o declive e tipo de substrato, bem como por factores biológicos como a predação. A transparência da água é uma das influências mais fortes nas comunidades vegetais das massas de água. A abundância, o crescimento e a distribuição das macrófitas submersas são regulados pela disponibilidade de luz. A absorção da luz, o sombreamento e a competição com as algas alteram as comunidades de plantas aquáticas, e estas interações são confundidas com a turbidez, a clareza da água e os níveis de nutrientes. O número de espécies de macrófitas aquáticas submersas aumenta frequentemente com o aumento da claridade, medida pela profundidade do disco de Secchi, tendo-se verificado especificamente que a riqueza de espécies de macrófitas aquáticas nativas aumenta com a claridade da água. A produtividade, ou estado trófico, é tipicamente medida pelo fósforo total. A riqueza de espécies geralmente diminui com o aumento de nutrientes (Radomski & Perleberg, 2012).

2.2 Componentes do ecossistema aquático

Compreender como os padrões de biodiversidade emergem das distribuições de espécies raras e comuns é uma preocupação fundamental da biologia da conservação. Por um lado, as espécies raras são consideradas como tendo uma elevada prioridade de conservação, porque a raridade local pode aumentar a probabilidade de a estocasticidade demográfica e/ou ambiental eliminar populações. De facto, uma distribuição espacial restrita (com indivíduos a ocorrerem em densidades elevadas ou baixas) implica que as populações irão provavelmente passar por condições adversas em simultâneo. Por outro lado, a nossa compreensão dos factores determinantes dos padrões globais de riqueza de espécies pode ganhar mais com a consideração da razão pela qual as espécies comuns ocorrem em algumas áreas e estão ausentes noutras, do que com a consideração das distribuições de espécies raras (Cucherousset, Santoul, Figuerola, & Ce're'ghino, 2008) .

A biodiversidade é frequentemente considerada como uma constelação de significados, que nunca podem ser captados por um único número. Esta diversidade de significados engloba uma diversidade de medidas, cada uma delas destinada a representar alguma faceta da biodiversidade total. Os exemplos incluem a variância genética e fenotípica, o número de espécies, as propriedades estruturais dos ecossistemas e os padrões de heterogeneidade funcional. Essa proliferação nos chama à racionalização e à síntese: identificar quais caraterísticas da biodiversidade são matematicamente independentes e, assim, encontrar o conjunto irredutível de métricas que devem ser incluídas para abranger a biodiversidade total (Lyashevska & Farnsworth, 2012).

2.3 Avaliação ecológica

O impacto crescente das actividades humanas nos ecossistemas fluviais obrigou ao desenvolvimento de programas de monitorização e de técnicas de bioavaliação, a fim de detetar e contabilizar uma variedade de efeitos nos ecossistemas de água doce. Atualmente, a avaliação do "estado ecológico" dos ecossistemas aquáticos tornou-se a pedra angular da legislação sobre a água em todo o mundo (por exemplo, a Lei da Água Limpa dos EUA ou a Diretiva-Quadro Europeia da Água). A este respeito, a avaliação do estado ecológico dos cursos de água continentais na Europa avalia a integridade de cada componente do ecossistema: caraterísticas hidrológicas, geomorfológicas, hídricas e biológicas. Os macroinvertebrados aquáticos são um dos grupos de organismos mais importantes selecionados pela Diretiva-Quadro da Água (DQA; Comissão Europeia, 2000) para avaliar a integridade das comunidades biológicas no âmbito do processo de avaliação do estado ecológico (A' lvarez-Cabria, Barqu1 'n, & Juanes, 2010).

Os Estados-Membros utilizam na avaliação do estado ecológico elementos de qualidade biológica, bem como elementos hidromorfológicos e físico-químicos de apoio. O estado ecológico das massas de água é definido pela comparação da composição da comunidade biológica com o estado de referência. O estado ecológico deve ser classificado em cinco classes de qualidade (excelente, bom, moderado, medíocre e mau). Esta classificação baseia-se em rácios de qualidade ecológica (EQRs: pontuações O/E) que derivam dos valores de qualidade biológica. A fronteira entre o estado bom e o estado moderado é especialmente importante porque estabelece as metas para os planos de recuperação no âmbito do programa de medidas das massas de água que não atingem os objectivos ambientais de alcançar um bom estado ecológico (Sa'nchez-Montoya, Vidal-Abarca, & Sua' rez, 2010)).

2.4 Indicadores do ecossistema aquático

Um grupo indicador deve, pelo menos, ser taxonómica e ecologicamente bem compreendido, facilmente monitorizado, ocorrer em várias condições ambientais e mostrar fortes relações com outros grupos-alvo no valor da biodiversidade. Os estudos que testam a utilidade dos grupos indicadores têm-se baseado geralmente na descrição da biodiversidade em grelhas de grande escala, países e regiões (Heino, 2010). A comunidade de vegetação emergente na massa de água fornece habitat de nidificação e recursos alimentares para populações de peixes desportivos economicamente importantes, aves pernaltas, aves aquáticas migratórias, jacarés e o papagaio caracol de Everglade, Rostrahamus socialabilus, que se encontra em perigo de extinção (Harwell & Sharfstein, 2009).

A maioria dos planos de gestão ambiental favorece a adoção de uma abordagem baseada nos ecossistemas. A gestão baseada nos ecossistemas postula que uma gestão eficaz deve (1) ser integrada entre os componentes do ecossistema e os usos e utilizadores dos recursos; (2) conduzir a resultados sustentáveis; (3) tomar precauções para evitar acções deletérias; e (4) ser adaptativa na procura de abordagens mais eficazes com base na experiência (Rombouts, et al., 2013). A Diretiva-Quadro da Água (DQA) (2000/60/CE) dá grande importância aos indicadores biológicos, uma vez que são mais fiáveis do que as análises físico-químicas para definir o estado ecológico e de qualidade dos ecossistemas aquáticos. Por conseguinte, a aplicação da diretiva sugere a utilização de novos bioindicadores para a avaliação da qualidade da água, para além das comunidades de macroinvertebrados bentónicos já amplamente utilizadas. Assim, a DQA alargou a utilização de possíveis bioindicadores a peixes, diatomáceas e comunidades de macrófitas. Especificamente, o estudo das macrófitas consiste numa análise de todas as plantas aquáticas visíveis a olho nu, incluindo fanerogâmicas, pteridófitas, macroalgas e briófitas que crescem na água. Embora existam diferentes componentes de macrófitas, a investigação vegetal sobre a avaliação da qualidade da água é efectuada principalmente através da análise de macrófitas fanerogâmicas (Ceschin, Aleffi, Bisceglie, Savo, & Zuccarello, 2012).

Das regiões tropicais às regiões polares, os ecossistemas aquáticos mudam em resposta aos ciclos naturais e aos factores de stress antropogénicos. As aves marinhas são componentes integrais dos ecossistemas aquáticos. Forrageiam em grandes áreas geográficas e alimentam-se a diferentes níveis tróficos, pelo que são frequentemente consideradas monitores eficazes do estado e da saúde dos sistemas aquáticos. A utilização das aves marinhas como sentinelas do estado dos ecossistemas aquáticos está bem estabelecida. As grandes perturbações ambientais das redes alimentares aquáticas (por exemplo, contaminação química, sobrepesca, poluição por partículas) foram todas detectadas ou monitorizadas através do seguimento de aves marinhas em colónias. No entanto, as aves marinhas podem provocar respostas mais subtis, sub-letais que também podem ser usadas para acompanhar a saúde do ecossistema, ou a saúde das populações de aves marinhas (Mallory, Robinson, Hebert, & Forbes, 2010).

2.4.1 Macroinvertebrados

Os ribeiros, rios, zonas húmidas e lagos são o habitat de muitos pequenos animais chamados macroinvertebrados. Estes animais incluem geralmente insectos, crustáceos, moluscos, aracnídeos e anelídeos. O termo macroinvertebrado descreve os animais que não têm coluna vertebral e que podem ser vistos a olho nu. Alguns macroinvertebrados aquáticos podem ser bastante grandes, como os lagostins de água doce; no entanto, a maioria é muito pequena. Os invertebrados que são retidos numa rede de malha de 0,25 mm são geralmente denominados macro-invertebrados (Voshell & Reese, 2002).

As comunidades de macroinvertebrados aquáticos em sistemas lóticos temperados são influenciadas por alterações sazonais. Muitas histórias de vida e taxas de desenvolvimento de insectos aquáticos são influenciadas pela temperatura e outros factores físico-temporais, enquanto as condições térmicas dividem temporalmente os recursos. A precipitação e as descargas sazonais demonstraram ser factores significativos que influenciam a estrutura das comunidades de ano para ano. As diferenças nas taxas de perturbação podem ditar o número e os tipos de espécies (obrigatórias vs. especializadas) que podem coexistir num habitat. As "manchas" dos cursos de água mudam temporalmente e uma imagem instantânea das condições ambientais medidas no momento da amostragem pode não refletir acontecimentos importantes que poderiam ter afetado a comunidade antes da amostragem. É importante reconhecer que as comunidades de macro-invertebrados flutuam e que as amostras de um ponto no tempo podem parecer bastante diferentes de outros pontos no tempo (E.Kosnicki e W.Sites,2010).

A diversidade de espécies de macroinvertebrados e a composição da comunidade são temas importantes na ecologia aquática e são frequentemente utilizados para avaliar o stress ambiental resultante de uma variedade de perturbações antropogénicas (Wolf, 1996).

Os macroinvertebrados desempenham um papel importante no ecossistema dos cursos de água. Como grupo, os macroinvertebrados são a principal fonte de alimento para a maior parte dos peixes de rio. A sua diversidade taxonómica, de hábitos e de histórias de vida assegura a disponibilidade de uma variedade de tipos de alimentos para muitas espécies de peixes ao longo de todo o ciclo de vida anual. Também realizam o trabalho menos aparente, mas não menos importante, de decomposição de folhagem e de pequenas partículas de resíduos orgânicos no fundo do curso de água ou na coluna de água, e de alimentação de algas, fungos e bactérias. Existe informação considerável disponível sobre as respostas dos invertebrados a uma variedade de condições ambientais, pelo que os invertebrados podem ser utilizados como indicadores do estado dos cursos de água (Sa'nchez-Montoya, Vidal-Abarca, & Sua' rez, 2010).

Estes animais vivem na água durante toda ou parte da sua vida, pelo que a sua sobrevivência está relacionada com a qualidade da água. São importantes na cadeia alimentar, uma vez que os animais maiores, como os peixes e as aves, dependem deles como fonte de alimento. Os macroinvertebrados são sensíveis a diferentes condições químicas e físicas (Boyle & Fraleigh Jr., 2003). Se houver uma alteração da qualidade da água, talvez devido à entrada de um poluente na água ou a uma alteração do caudal a jusante de uma barragem, a comunidade de macroinvertebrados também pode mudar. Por conseguinte, a riqueza da composição da comunidade de macroinvertebrados numa massa de água pode ser utilizada para fornecer uma estimativa do estado da massa de água. As comunidades de macroinvertebrados variam em todo o Estado e diferentes massas de água têm frequentemente as suas próprias comunidades caraterísticas (Ivarez-Cabria, Barquin, & Juanes, 2010).

Ciclo de vida

A maioria dos invertebrados segue um ciclo de vida simples. Nascem de ovos e passam algum tempo a desenvolver-se. Uma vez que as larvas ou ninfas tenham crescido, tornam-se adultos, reproduzem-se sexualmente e põem ovos dos quais emergem jovens para recomeçar o ciclo. Os tipos mais comuns de macro-invertebrados aquáticos são os insectos. À medida que os insectos crescem de um ovo para um adulto, mudam a forma do seu corpo ou metamorfoses. Os insectos apresentam tanto metamorfose completa como incompleta. A metamorfose incompleta envolve a eclosão do ovo numa ninfa. A cada muda, a ninfa fica cada vez mais parecida com a forma adulta. A metamorfose completa envolve a eclosão do ovo numa larva, que é muito diferente do adulto. Na fase larvar final, o animal transforma-se numa pupa, que é muito diferente da larva. A partir desta fase, o animal transforma-se num adulto. Para a maioria dos animais, a fase juvenil aquática ocupa, de longe, a maior parte do ciclo de vida e é, em grande medida, uma máquina de alimentação, deixando para o adulto apenas um breve papel reprodutor. Algumas larvas de libélulas demoram três anos a atingir a maturidade (Gooderham & Tsyrlin, 2002).

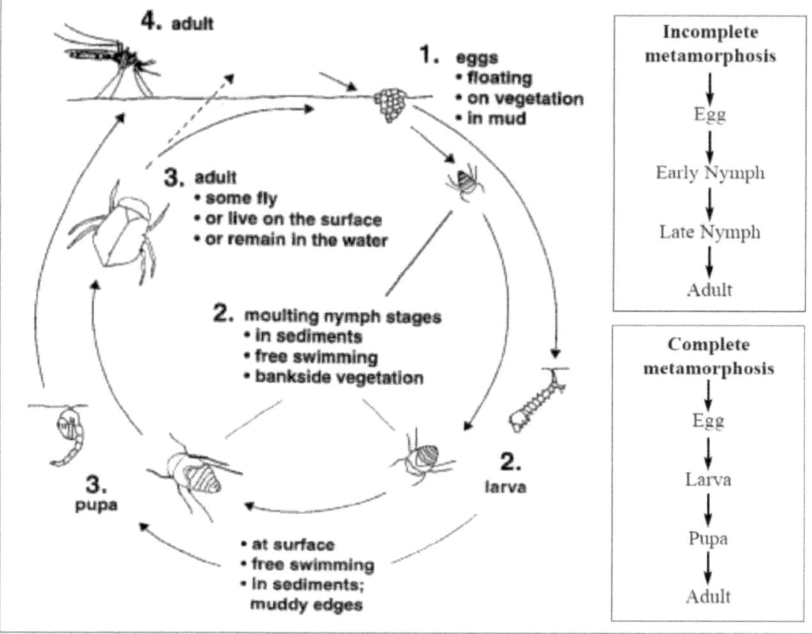

Figura. 1 Ciclo de vida dos insectos

O que é que os macroinvertebrados comem?

Os macroinvertebrados são uma parte importante da cadeia alimentar aquática e podem ser caracterizados por aquilo de que o animal se alimenta e como o adquire. As categorias são referidas como grupos funcionais de alimentação e ajudam a descrever o papel que cada macroinvertebrado desempenha num sistema aquático. No estudo efectuado na Ria Formosa, no sul de Portugal, essa matriz de dados atribuiu um grupo de alimentação, entre seis grupos: alimentadores de depósitos superficiais, alimentadores de depósitos subsuperficiais, herbívoros, alimentadores de suspensão e alimentadores de suspensão/depósito (espécies que têm os dois modos de alimentação dependendo da disponibilidade de alimento). Os carnívoros, parasitas, omnívoros e necrófagos foram todos agrupados, formando o sexto grupo. A maioria das estações da Ria Formosa apresentou uma diversidade alimentar elevada, o que pode corresponder a um estado ecológico (ES) bom ou elevado, exceto num local, que ocasionalmente apresentou uma diversidade alimentar baixa. Este mau estado deveu-se essencialmente à baixa renovação de água e à variação ambiental extrema de alguns parâmetros, como a salinidade. Em alguns locais, observou-se uma diversidade alimentar intermédia, principalmente devido à acumulação natural de matéria orgânica. Outros índices comummente utilizados apontam também para as mesmas tendências (Gamito & Furtado, 2009).

Trituradores

Os trituradores alimentam-se de matéria orgânica, como folhas e material lenhoso, e ajudam a converter esta matéria em partículas mais finas. Necessitam que a vegetação cresça ao longo de uma massa de água, para que o material vegetal caia na água, e que o fluxo de água seja lento, para que o material vegetal não seja arrastado. Estes animais incluem anfípodes, isópodes, lagostins de água doce (marron, gilgies, koonacs) e algumas larvas de caddisfly (Miserendino & Masi, 2010).

Colectores/alimentadores de filtros

Os colectores/alimentadores de filtros alimentam-se de partículas orgânicas finas produzidas por trituradores, microrganismos e por processos físicos. Estes animais incluem ninfas de efémeras, mexilhões, pulgas de água, algumas larvas de moscas e vermes (Miserendino & Masi, 2010).

Raspadores

Os raspadores alimentam-se de algas e de outra matéria orgânica que se encontra agarrada a rochas e plantas. Estes animais incluem caracóis, lapas e larvas de moscas (Gamito, Patrício, Neto, Teixeira, & Marques, 2012).

Predadores

Os predadores alimentam-se de presas vivas e encontram-se onde existem pequenos colectores e fragmentadores. Estes animais incluem larvas de libélulas e libelinhas, escaravelhos adultos e larvas de escaravelhos, algumas larvas de moscas e algumas larvas de moscas-das-pedras (Gamito, Patrício, Neto, Teixeira, & Marques, 2012).

Habitat dos macroinvertebrados

Os macroinvertebrados vivem em muitos locais diferentes numa massa de água. Alguns vivem à superfície da água, outros na própria água, outros no sedimento, no fundo, ou em rochas submersas, troncos e folhagem. Cada tipo de habitat fornece uma superfície ou espaços sobre ou dentro dos quais os macroinvertebrados podem viver (Gamito & Furtado, 2009). No Norte de Portugal, foram recolhidas amostras separadas de macroinvertebrados de habitats de águas correntes e de águas paradas e amostras de peixes de um trecho delineado, incluindo todos os tipos de habitat. Os macroinvertebrados dos respectivos habitats diferiram na sua relação com as variáveis do habitat, estando as amostras de águas correntes mais fortemente relacionadas com o substrato e a qualidade da água e as amostras de águas paradas mais fortemente relacionadas com as caraterísticas do habitat à escala da extensão. As amostras de águas correntes e de águas paradas do mesmo sítio variaram muito, indicando que a substituição de amostras de águas paradas por amostras de águas correntes na bioavaliação baseada em macro-invertebrados acarreta um risco elevado de classificação incorrecta. Em geral, estes dados indicam como diferentes amostras ecológicas podem ser usadas para focar diferentes aspectos da qualidade do habitat e sugerem estratégias para a recolha e interpretação de dados ecológicos que melhorariam o desempenho da avaliação (Monaghan & Soares, 2010).

O elemento mais importante em torno de uma massa de água é a vegetação. As plantas aquáticas, particularmente os juncos e os juncos, fornecem uma superfície onde os macro-invertebrados podem viver. Além disso, equilibram o fluxo de água, a disponibilidade de luz e a temperatura à sua volta. A sombra de árvores e arbustos nativos junto à água pode reduzir os extremos de temperatura. As árvores, arbustos, juncos e juncos nativos protegem as margens da erosão, ajudam a controlar o fluxo de água e actuam como filtros de nutrientes. Os troncos, ramos, cascas e folhas que caem na água proporcionam um habitat para os organismos aquáticos. A folhagem constitui uma parte importante da teia alimentar dos macro-invertebrados, que se alimentam deste material ou das bactérias e fungos que provocam a sua decomposição (Miserendino & Masi, 2010).

Nas águas de fluxo rápido (lóticas), como os ribeiros de montanha, o leito é constituído por grandes rochas e pedras e o ribeiro está fortemente sombreado. A influência da vegetação é muito elevada. Esta fornece alimento para os colectores e trituradores. Os macro-invertebrados estão adaptados a águas de fluxo rápido, possuindo poderosas ventosas ou patas de agarrar. Nas águas lentas ou paradas (lênticas), como os rios de planície ou as zonas húmidas, o leito pode ser arenoso ou lamacento, com maior penetração de luz. Os nutrientes estão disponíveis e criam condições para o crescimento de algas (Smith, Bode, & Kleppel, 2007). Os colectores e os raspadores dominam a comunidade de macro-invertebrados. Os colectores enterram-se no sedimento ou filtram o seu alimento diretamente da coluna de água. Os raspadores encontram-se em rochas, troncos e detritos lenhosos ou plantas aquáticas. Tanto nas massas de água lóticas como nas lênticas, os predadores encontram-se onde se encontram as suas presas preferidas.

Estado da água e macroinvertebrados

As modificações ambientais ou a poluição podem alterar as comunidades de macro-invertebrados. A má gestão das bacias hidrográficas pode aumentar a turvação da água. Em águas muito turvas, a penetração da luz é reduzida, o que afecta a fotossíntese das plantas e aumenta a temperatura da água. Os sólidos em suspensão podem obstruir as superfícies respiratórias ou interferir com os apêndices de alimentação. Os filtradores estão a receber um valor nutricional reduzido e a gastar mais energia para recolher alimentos, caso contrário, morrerão de fome. Níveis elevados de sólidos em suspensão podem começar a depositar-se e a alterar a composição do leito da massa de água à medida que revestem as rochas e a vegetação. Isto pode afetar o movimento, a alimentação, o habitat e a reprodução de alguns macro-invertebrados (Sigee, 2005).

A vegetação ripícola equilibra a temperatura num sistema aquático saudável. Se esta vegetação for limpa, dá origem a uma maior penetração da luz e a um aumento da turvação devido ao solo exposto. As descargas industriais ou o escoamento de águas pluviais de superfícies quentes (por exemplo, estradas e parques de estacionamento) podem aumentar rapidamente a temperatura e as descargas de reservatórios podem libertar água mais fria. Alguns macro-invertebrados podem ser capazes de tolerar ligeiros aumentos de temperatura. Os macro-invertebrados sensíveis, como as moscas-das-pedras, que estão limitados a massas de água frias e de caudal rápido, não conseguem lidar com essas alterações (Tran, Bode, Smith, & Kleppel, 2010).

Níveis elevados de nutrientes sob a forma de azoto e fósforo provenientes de fertilizantes e de águas residuais podem ativar o crescimento excessivo de algas (proliferação de algas). A morte e a decomposição destas algas podem produzir toxinas e condições de estagnação. Nestas condições, a diversidade da comunidade de macro-invertebrados é geralmente reduzida, mas há geralmente um aumento na abundância de algumas espécies (Paisley, Walley, & Trigg, 2011).

Os materiais tóxicos podem entrar nas massas de água a partir de águas residuais industriais e agrícolas e podem incluir substâncias como pesticidas e metais pesados (Greenberger, Desjarins, & Degagne, 2003). O efeito sobre as comunidades de macro-invertebrados pode ser de curto prazo (agudo) se o poluente existir na água em concentrações suficientemente elevadas. No entanto, na maioria dos casos, as concentrações de tóxicos e as descargas variam consideravelmente. Por conseguinte, a ênfase é colocada nos efeitos a longo prazo (crónicos), em que as toxinas podem acumular-se e concentrar-se nas cadeias alimentares. As comunidades de macroinvertebrados podem ser afectadas por uma diminuição da reprodução, por respostas comportamentais deficientes, por doenças ou, eventualmente, pela morte. A presença de tais tóxicos tende geralmente a reduzir a diversidade global dos macro-invertebrados (Gerhadta, Janssens de Bisthovena, & Soaresa, 2004).

A reação aos poluentes pode variar enormemente. Por exemplo, a maior parte das espécies de ninfas de efémeras não reagem bem aos sedimentos ou aos poluentes orgânicos, mas algumas são bastante tolerantes. As larvas de libélulas e libelinhas podem ser bastante tolerantes à salinidade, mas são prejudicadas por outros poluentes. Alguns animais podem atuar como espécies indicadoras de poluição porque respondem a mudanças específicas nas condições da água (Pelletier, Gold, Heltshe, & Buffum, 2010).

Vantagens da biomonitorização com macroinvertebrados

Os macro-invertebrados são objeto de amostragem nas massas de água porque são indicadores biológicos úteis de alterações nos sistemas aquáticos. As principais vantagens da utilização de macroinvertebrados são o facto de alguns terem um tempo de vida de até um ano ou mais, serem relativamente sedentários, terem sensibilidades variáveis a alterações na qualidade da água e serem facilmente recolhidos e identificados (sa'nchez-Montoya, Vidal- Abarca, & Sua'rez, 2010). É muito importante notar, no entanto, que ao avaliar os macroinvertebrados, outros dados físicos, químicos e biológicos devem ser considerados para apoiar a avaliação da massa de água. Outras medidas biológicas podem incluir vegetação ripária, peixes, rãs, aves, algas e coliformes fecais (Torrisi, Scuri, Dell'Uomo, & Cocchioni, 2010). As avaliações comuns dos parâmetros físicos e químicos incluem a temperatura, a turbidez, a condutividade, o pH, os nutrientes e o oxigénio dissolvido (Quevauviller, Borchers, Thompson, & Simonart, 2008).

2.4.2 Aves

Atualmente, existem 29 ordens, 201 famílias, 2073 géneros e 10 010 espécies da classe Aves. As aves são agrupadas numa série de categorias com base na regularidade com que ocorrem, tais como espécies residentes, visitantes de verão, visitantes de inverno, passageiros em trânsito e vagabundos raros. O clima influencia radicalmente os habitats e os movimentos locais das aves residentes e migratórias. Muitas espécies são caraterísticas de habitats ou biomas específicos. A distribuição das aves residentes e migradoras é fortemente influenciada pelas estações equatoriais (Aynalem & Bekele, 2008).

As aves provaram ser excelentes indicadores de biodiversidade ou produtividade e são vitais para o funcionamento ecológico do nosso ambiente, como indicadores de poluição, dispersão de sementes, eliminação de miudezas e como predadores de numerosos insectos e outras pragas. Para além da sua beleza, as aves são excelentes indicadores da qualidade da água. As zonas húmidas fornecem habitats adequados a inúmeros organismos, incluindo aves. A presença ou ausência de abrigo pode influenciar o facto de as aves habitarem uma zona húmida ou uma zona de montanha próxima. O desenvolvimento dos recursos hídricos é uma das principais causas do declínio das zonas húmidas em todo o mundo (Aynalem, Bekele, & Getahun, 2008).

O estudo realizado na zona húmida de Boye, no sudoeste da Etiópia, revelou que foi registado um total de 36 espécies de aves durante os inquéritos. Entre estas, duas espécies, Poicephalus flavifrons e Macronyx flavicollis, são endémicas da Etiópia. Algumas das espécies limitadas apenas à Etiópia e à Eritreia também habitavam a zona húmida de Boye, como Bostrychia carunculata, Dioptrornis chocolatinus e Corvus crassirostris. Entre as espécies registadas, Balearica pavonina e Balearica regulorum eram vulneráveis, enquanto M. flavicollis estava quase ameaçada. Estas espécies estarão em perigo num curto espaço de tempo, a menos que sejam tomadas as medidas necessárias (Mekonnen & Aticho, 2011).

2.5. Avaliação da qualidade da água

A biodiversidade dos cursos de água está estreitamente ligada a factores físico-químicos e é utilizada como medida da saúde dos cursos de água, representando as condições físicas e químicas cumulativas. O estado biológico é também utilizado para fornecer uma indicação das condições do ecossistema aquático (Stranko, Hiderbrand, & Palmer, 2011).

O estudo físico-químico e biológico realizado no Paquistão nas nascentes Eu-termal e chiliaro-termal das colinas de Lakki revelou que a Eu-termal ($40\text{-}42^0$ c) com uma evolução significativa de sulfureto de hidrogénio (135-152 mg/l) com uma condutividade eléctrica elevada 13000-14300 I^1 S/cm e o pH 6,35-6,85. Por outro lado, o chliaro-thermal tem uma temperatura da água de $18\text{-}30^0$ c e é uma nascente de água doce e forma uma piscina de infiltração com pH 7,15, total de sólidos dissolvidos/TDS/ 1088 mg/l e condutividade eléctrica 1700 I^1 S/cm. Os resultados mostraram que zooplâncton, insectos, moluscos e peixes foram encontrados no final das fontes termais (Leghari, Jahangir, Khuhawar, & Leghari, 2001).

O estudo realizado em Inglaterra examinou as alterações químicas e biológicas a longo prazo em rios historicamente poluídos para elucidar as respostas do biota de macroinvertebrados a melhorias na qualidade química da água. Para três locais historicamente poluídos nas Midlands inglesas, foram analisados dados de inquéritos efectuados durante um período de cerca de 50 anos. 50 anos foram analisados. O amoníaco (NH3) e a carência bioquímica de oxigénio (CBO5) de 5 dias foram utilizados como indicadores químicos da qualidade da água. As variações na recuperação ecológica dos locais de estudo foram avaliadas utilizando uma pontuação média de sensibilidade à poluição (pontuação média por taxon) e o número de taxa presentes (geralmente ao nível da família) em amostras de redes de mão. A recuperação ecológica variou muito e foi influenciada pela intensidade e extensão espacial da poluição e pela proximidade de fontes disponíveis de potenciais colonizadores. Nos casos em que os colonizadores de águas limpas estavam mais facilmente disponíveis, registaram-se melhorias significativas na qualidade ecológica no prazo de 2 a 5 anos após as melhorias na qualidade química. As comunidades de macroinvertebrados e, por conseguinte, os dados de monitorização podem, assim, ser indicativos de condições passadas há muito tempo ou de isolamento biológico e não de condições químicas contemporâneas. Os dados químicos e biológicos combinados foram utilizados para explorar um modelo genérico de previsão das taxas de recuperação e de sucesso. No entanto, as relações a longo prazo entre as variáveis dos macroinvertebrados e as variáveis químicas da qualidade da água não foram lineares, o que sugere que os limiares de qualidade da água podem ter de ser ultrapassados antes de se poder verificar a recuperação biológica. Mesmo quando a qualidade química da água foi substancialmente melhorada, o estado ecológico aparente das comunidades de macroinvertebrados pode não refletir a redução dos níveis de poluição atingidos até que tenha decorrido o tempo adequado para permitir a recolonização (possivelmente décadas) (Langford, Shaw, Ferguson, & Howard, 2009).

Caraterísticas químicas

As nascentes termais são normalmente mineralizadas em maior ou menor grau, dependendo das caraterísticas das formações geológicas associadas às águas subterrâneas em circulação. Os resultados do estudo das análises químicas de amostras de água recolhidas em nascentes na África do Sul variaram em relação aos padrões de qualidade da água fornecidos pelo South African Bureau of Standards (Olivier, Venter, & Jonker, 2011).

O estudo intensivo sobre a qualidade da água e a fauna de macroinvertebrados bentónicos da ribeira de Behzat, na Turquia, mostrou que a secção superior suportava uma comunidade mais diversificada do que a secção inferior. A baixa abundância de macroinvertebrados foi observada durante o verão na secção inferior, o que se deveu a valores elevados de iões fosfato e azoto, bem como à ameaça de perturbações antropogénicas na secção inferior (M.Duran, 2006).

Os macroinvertebrados aquáticos têm sido uma das principais comunidades biológicas utilizadas para a monitorização e avaliação da água doce, bem como para estratégias de avaliação de nutrientes. Foram desenvolvidos dois índices bióticos de nutrientes para as comunidades de macroinvertebrados bentónicos, um para o fósforo total (NBI-P) e outro para o nitrato (NBI-N). Foi utilizada uma média ponderada para avaliar as distribuições dos taxa de macroinvertebrados ao longo dos gradientes de TP e NO_3^- e para estabelecer valores óptimos de nutrientes e subsequentes valores de tolerância aos nutrientes. Uma escala de três níveis de eutrofização para TP e NO_3^- (oligotrófico: 0,0175 mg/l de TP, 0,24 mg/l de NO_3^- , mesotrófico: >0,0175 a 0,065 mg/l de TP, >0,24 a 0,98 mg/l de NO_3^- , eutrófico: >0,065 mg/l de TP, >0,98 mg/l de NO_3^-) foi estabelecida através da análise de agrupamento das comunidades de invertebrados utilizando a similaridade de Bray-Curtis (quantitativa). Por conseguinte, os índices bióticos de nutrientes (NBI) parecem refletir com precisão as alterações do estado trófico dos cursos de água. Por conseguinte, o limiar sugerido para a deficiência de nutrientes é a fronteira entre o mesotrófico e o eutrófico (0,065 mg/l TP e 0,98 mg/l NO_3^-). O NBI e os limiares de deficiência da pontuação do índice fornecerão aos programas de monitorização uma medida robusta do estado dos nutrientes dos cursos de água e servirão como uma ferramenta útil para a aplicação dos critérios regionais de nutrientes (Smith, Bode, & Kleppel, 2007).

2.6.Importância do estudo

A diversidade de macroinvertebrados é conhecida pelos seus potenciais indicadores da qualidade da água em diferentes partes do mundo. O presente estudo foi realizado pela primeira vez para determinar a diversidade de macroinvertebrados em nascentes de água quente na Etiópia, particularmente na região de Amhara Oriental:-

- fornecer informações sobre as caraterísticas físico-químicas e a qualidade das águas termais
- fornecimento de informações sobre a diversidade de macroinvertebrados e aves em fontes termais de Amhara Oriental
- o estudo pode gerar dados de base que podem fornecer uma perspetiva para estudos futuros
- avaliar o potencial de poluição das fontes termais devido a perturbações humanas
- as conclusões deste estudo podem ser utilizadas pelos organismos locais e estatais no que respeita à regulamentação, gestão e proteção das fontes termais

CAPÍTULO 3

OBJECTIVOS

3.1 Objetivo geral

O principal objetivo deste estudo é examinar a relação entre os parâmetros biológicos (macroinvertebrados e diversidade de aves) e a qualidade físico-química da água, a qualidade do habitat e a perturbação humana nas fontes termais da região de Amhara Oriental.

3.2 Objectivos específicos

Determinar a diversidade de macro-invertebrados em fontes termais

Determinar a diversidade de aves perto das fontes termais

Examinar as propriedades físico-químicas em relação à diversidade de macroinvertebrados e aves das fontes termais

Determinar o estado ecológico das fontes termais

3.3 Questões de investigação

Qual é a diversidade de macroinvertebrados e aves nas fontes termais e a sua relação com a qualidade da água e do habitat?

CAPÍTULO 4

MÉTODOS E MATERIAIS

4.1 Área de estudo

O estudo foi efectuado na região oriental de Amhara, nomeadamente no Norte de Showa (fontes termais de Shewa Robit Aregawi no distrito de Kewet), na zona de Oromia (fontes termais de Shekla e Borkena no distrito de Chefie Dolana) e no Sul de Wello (fontes termais de Harbu no distrito de Kalu). Estas zonas situam-se nas regiões do vale do Rift, que são conhecidas por várias fontes termais. A zona húmida de Cheffa está localizada a 300 km a nordeste de Adis Abeba, a capital da Etiópia. A zona húmida está situada entre 10° 32´ -10° 58 e latitudes e 39° 46'-39° 56'E longitudes nas bacias dos rios Borkena e Jara. A sua área total está estimada em 82.000 ha (Tamene, Bekele, & Kelbessa, 2000). A altitude das zonas húmidas varia entre 1402 m e 1520 m acima do nível do mar, mas as altitudes excedem os 2000 m e mesmo os 3000 m nas terras altas etíopes circundantes. Esta zona húmida contém muitas fontes termais, que são utilizadas pela comunidade local como meio de cura tradicional e como fonte de água potável para fins domésticos e para o seu gado. Foram selecionados dois locais principais, Shekla e Borkena, com base na sua importância nesta zona húmida. A zona húmida de Shekla situa-se à entrada da zona húmida principal de Cheffa e a zona de Borkena situa-se à saída da zona húmida de Cheffa. A zona húmida de Shewarobit Aregawi situa-se a 220 km de Addis Abeba, a capital da Etiópia, na direção nordeste, no distrito de Kewet, no norte de Shewa. Os três locais de amostragem de fontes termais desta zona húmida estão situados a 09^0 59'37N, 09^0 53'06N e 09^0 59'35N de latitude e 39^0 52'54E, 39^0 53'13E e 39^0 53'13E de longitude, com altitudes de 1301m, 1293m e 1288m, respetivamente. Os locais de amostragem das fontes termais de Harbu situam-se a 370 km da capital da Etiópia, na direção nordeste, no distrito de Kalu, em South Wello. Os locais de amostragem das nascentes termais estão situados a 10^0 55'53N, 10^0 55'26N e 10^0 48'14N de latitude e 39^0 48'32E, 39^0 48'31E e 39^0 49'25 E de longitude, com altitudes de 1566m, 1561m e 1517m, respetivamente. No total, foram selecionados doze pontos de amostragem dos quatro principais locais de águas termais, ou seja, três de cada local de amostragem. Nomeadamente, as fontes termais de Borkena (B1, B2 e B3), Shekla (S1, S2 e S3), Harbu (H1, H2 e H3) e Shewarobit Aregawi (A1, A2 e A3) foram selecionadas com base na distância e no gradiente de temperatura. O grupo étnico Oromo constitui a maioria das pessoas que vivem na planície fluvial de Cheffa e os Amhara dominam as zonas de Shewarobit Aregawi e Harbu na região de Amhara Oriental. A agricultura mista de subsistência (produção vegetal e criação de gado) é o principal pilar da população permanente das zonas húmidas (Tamene, Bekele, & Kelbessa, 2000). A população das Woredas (distritos) vizinhas de Dewa Cheffa, Artuma Fursi, Kemise Town, Antsokiya Gemza, Efratagidim e Kalu era de 614 476 pessoas durante o censo de 2007. Na ausência de dados do censo, estimamos que menos de 10.000 pessoas vivem em cerca de duas dúzias de aldeias em Cheffa Wetland, 2.000

em Harbu e cerca de 3.000 em Shewarobit Aregawi. A principal cidade perto da periferia da zona húmida de Cheffa é Kemise, com cerca de 20.000 habitantes (Getachew, et al., 2012) para a zona húmida de Aregawi Shewa Robit e para a zona termal de Harbu é a cidade de Harbu.

Durante a estação seca, os pastores Afar, Oromo, Argoba e Amhara deslocam-se com os seus rebanhos para a zona húmida de Cheffa, uma prática que tem sido associada à degradação ambiental noutros locais da Etiópia (MCKEE, 2007); (Getachew, et al., 2012). Em 2002, a Unidade de Emergências das Nações Unidas para a Etiópia informou que cerca de 50 000 pastores, juntamente com 200 000 cabeças de gado, na sua maioria bovinos, utilizavam as zonas húmidas de Cheffa para beber água e pastar (Piguet, 2002). O mesmo cenário foi observado nas zonas húmidas de Shewarobit e Harbu. A zona húmida de Shewarobit foi convertida em terras agrícolas a um ritmo alarmante do que qualquer outro local que se encontrava em estudo. O local tinha um cheiro desagradável devido à lavagem, defecação a céu aberto e urinação dos peregrinos de duas igrejas. O local era utilizado para a colheita de muitos legumes, fruta, cereais e tabaco. O local também se degradou devido ao pastoreio de centenas de cabeças de gado. A queima de parte das zonas húmidas é praticada diariamente. Este local incluía duas igrejas que eram utilizadas como locais de água benta e onde, diariamente, centenas de pessoas recebiam serviços religiosos. As pessoas praticavam o endeusamento aberto e não dispunham de quaisquer meios de gestão de resíduos, especialmente a igreja de Aregawei, situada à entrada do pântano, e que inclui cerca de quatro fontes termais que alimentam o pântano. No sítio de Harbu, as pessoas que obtiveram serviços formam residências temporárias que duram até meses e praticam a defecação a céu aberto. O local está degradado devido à agricultura nas proximidades e ao pastoreio excessivo da comunidade local.

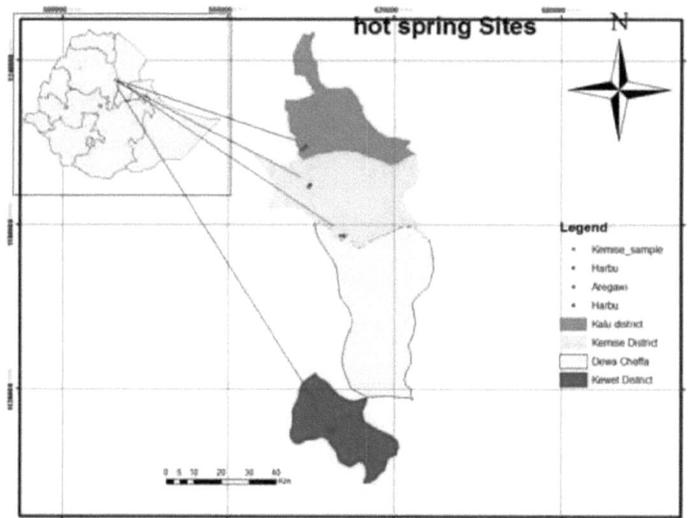

Figura. 2 Locais de amostragem de fontes termais na região de Amhara Oriental, Etiópia

4.2 Locais de amostragem e frequência de amostragem

Foram recolhidos macroinvertebrados aquáticos e amostras de água em 12 locais selecionados para representar a qualidade da água em fontes termais. Os critérios de amostragem foram a distância entre os pontos de amostragem e a diferença de temperatura da água e a base de factores como: Facilidade de acesso, Variedade de habitats, Proximidade de uma fonte local de poluição pontual, por exemplo, uma fábrica, um canal de drenagem ou Proximidade de uma fonte de poluição não pontual, por exemplo, uma quinta. Os sítios selecionados eram representativos das caraterísticas da bacia hidrográfica local (UN-HABITAT, 2005). As amostras de água foram recolhidas simultaneamente com as amostras de macroinvertebrados. As amostras foram recolhidas de fevereiro a abril de 2013, a meio e perto do fim da estação seca na área de estudo. Em cada local, foram recolhidas duas amostras de água (duas réplicas por local e por data de amostragem), que foram analisadas quanto aos parâmetros físico-químicos durante o período de amostragem. Para obter um registo visual dos locais de amostragem, foram tiradas fotografias digitais da massa de água a montante e a jusante dos locais de amostragem durante os períodos de amostragem. Além disso, para integração numa base de dados SIG (Sistema de Informação Geográfica), a longitude, a latitude e a elevação de cada local de amostragem foram registadas utilizando uma unidade GPS (sistema de posicionamento global).

4.3 Conceção do estudo

Foi efectuado um estudo transversal dos componentes físicos, químicos e biológicos das fontes termais para avaliar o seu estado ecológico.

4.3.1 Amostragem e identificação de macroinvertebrados

Os macroinvertebrados bentónicos foram recolhidos para fornecer uma descrição qualitativa da composição da comunidade em cada local de amostragem. Os macroinvertebrados foram amostrados utilizando uma rede de varredura em forma de D especificada pela Organização Internacional de Normalização (ISO); com uma malhagem de 250 I[1] m. A varredura foi efectuada numa ação vigorosa durante 5 min a uma distância de 10 m com uma abordagem multi-habitat em cada local para desalojar os macroinvertebrados ligados a quaisquer substratos presentes (Baldwin, Nielsen, Bowen, & Williams, 2005). Os organismos recolhidos foram retirados da rede de varredura e o conteúdo da rede foi lavado numa peneira para recolher os organismos presos à rede. As amostras de pontapés de todos os membros de um grupo num local foram reunidas num único frasco e preservadas com etanol a 70%, com uma etiqueta que identificava o local, a data e a hora, e foram separadas dos detritos e transportadas para o Laboratório de Saúde Ambiental da Universidade de Jimma. As amostras foram transferidas para um tabuleiro de esmalte branco ou de plástico e uma pequena quantidade da amostra foi colocada aleatoriamente numa placa de Petri e identificada utilizando um microscópio de dissecação e chaves de identificação Os insectos aquáticos foram identificados até ao nível da família e finalmente colocados em frascos contendo álcool etílico a 70% para utilização futura. Foram utilizadas chaves taxonómicas aquáticas desenvolvidas por (Deliz Quinones, 2005) e (Cummins, 1973) para identificar os espécimes ao nível da família, utilizando um microscópio de dissecação.

Apenas os organismos da varredura foram utilizados para estimar o índice, com base nas abundâncias relativas de macroinvertebrados. Todas as varreduras foram utilizadas para calcular o índice baseado na diversidade dos táxons.

4.3.2 Contagem e identificação de aves

O método de contagem total (também designado por contagem direta) foi utilizado para recensear a população de aves (U.S.EPA, 2002). Neste método, foram identificados locais representativos e as aves nesses locais foram contadas com binóculos de campo. As observações foram realizadas durante 5 horas; das 6:30 às 10:00 e das 16:30 às 18:00 horas, durante estes intervalos, as actividades das aves tornaram-se proeminentes. As aves foram identificadas através de caraterísticas físicas com a ajuda de guias de campo e livros de referência sobre a fauna de aves da África Oriental (Perlo, 2009). Foram tiradas fotografias e feitos vídeos para justificar o tipo de espécie para as espécies que eram difíceis de identificar. Algumas espécies de aves discretas foram também identificadas com base nos seus chamamentos (Aynalem, Bekele, & Getahun, 2008).

4.3.3 Avaliação da qualidade da água

Foram recolhidos dois litros de amostras de água para análise de nitrato-nitrogénio (NO_3^- -N), O-fosfato (PO_4^{3-}), nitrogénio total (TN) e concentração de cloreto como variáveis químicas, temperatura, pH e condutividade, oxigénio dissolvido (DO), turbidez incluída como variáveis ambientais, que foram medidas de acordo com os protocolos de avaliação da qualidade da água. O oxigénio dissolvido, a condutividade eléctrica, a temperatura da água, a turvação e o pH foram medidos no local utilizando a sonda portátil do multímetro HACH, modelo HQ40D. As amostras de água foram recolhidas num recipiente de plástico de 2 L em cada local; as amostras foram armazenadas num frigorífico a 4^0 C.

Em seguida, todas as amostras foram transportadas para o laboratório do departamento de Ciências e Tecnologias da Saúde Ambiental da Universidade de Jimma numa caixa isolada com sacos de gelo. Foram utilizados um espetrofotómetro, modelo HACH DR 5000, e um digestor, modelo HACH LT200, para determinar o azoto total.

Os kits utilizados para a determinação do azoto total foram o LCK 138, seguindo os procedimentos estabelecidos para o parâmetro. A concentração de ortofosfato foi determinada pelo método do cloreto estanoso e a concentração de nitrato-N foi medida com o método de rastreio do espetrofotómetro ultravioleta, bem como as concentrações de cloreto das amostras de água foram determinadas pelo método argentométrico (APHA, 1995).

4.3.4   Avaliação da qualidade do habitat/AQA/

A informação sobre o habitat físico foi recolhida em cada local com a técnica de medição por estimativa visual. Em cada uma das seis secções transversais do canal uniformemente espaçadas, foram estimadas a largura molhada, a largura total da margem, a altura total da margem e da incisão e os ângulos das margens. O coberto vegetal foi medido nas margens esquerda e direita, e em quatro direcções (a montante, a jusante, à esquerda e à direita) no centro da secção transversal do canal como parcialmente aberto, parcialmente sombreado ou sombreado.

A profundidade da água do curso de água foi medida em cinco locais igualmente espaçados ao longo de cada secção transversal. A composição do substrato foi determinada por medições de tamanho, efectuadas colocando um dedo na água e classificando o tamanho da partícula tocada pela primeira vez como rocha (> 4000 mm), pedregulho (250-4000 mm), paralelepípedo (64-250 mm), cascalho grosso (16-64 mm), cascalho fino (2-16 mm), areia (0,06-2,00 mm), finos (<0,06 mm), madeira, hardpan (finos firmes e consolidados) ou outros.

A percentagem de incrustação foi estimada visualmente a partir da área imediatamente adjacente a cada partícula amostrada. Imediatamente após os levantamentos transversais, a madeira grande (> seis em diâmetro) foi contada e a acumulação de camada orgânica nas zonas de deposição foi medida. Em seguida, foram efectuadas estimativas visuais ou classificações do material dominante da margem, percentagem de margem estável, percentagem de margem subcortada, material dominante do leito erosivo e material dominante do leito deposicional, incrustação do habitat erosivo (%) e incrustação do habitat deposicional. Em cada margem, foi registada a largura da zona tampão da zona ribeirinha (definida para este estudo como a área dentro da qual ocorriam comunidades vegetativas naturais maduras) e os usos dominantes do solo adjacente fora da área tampão da zona ribeirinha. O curso de água também foi classificado utilizando o sistema de classificação morfológica de cursos de água Rosgen Nível 2 (Rosgen, 1996). Este sistema classifica as extensões de cursos de água com base no declive do canal, nos materiais dominantes do canal, no entrincheiramento do canal, no rácio largura-profundidade e na sinuosidade. Os cursos de água foram classificados utilizando este sistema para caraterizar com maior precisão as zonas de alto e baixo gradiente em relação às caraterísticas morfológicas. As condições de habitat das nascentes termais foram avaliadas com base no método desenvolvido por (Barbour, Gerritsen, Snyder, & Stribling, 1999) e a avaliação do impacto humano e animal foi feita de acordo com os métodos do Departamento de Proteção Ambiental do Maine (MDEP, 2009).

Índices bióticos

Índice biótico ao nível da família

O índice biótico ao nível da família (índice de Hilsenhoff) foi calculado com base nas pontuações atribuídas a cada táxon (Quadro 1)

Tabela 1: Valor da pontuação do índice biótico ao nível da família

S/N	Order	Family	Score	Reference
1	Ephemeroptera	Baetidae	4	Barbour et al,1999
		Heptagenidae	7	Barbour et al,1999
		Caenidae	4	Barbour et al,1999
2	Diptera	Tipulidae	3	Barbour et al,1999
		Culicidae	8	Barbour et al,1999
		Tabanidae	6	Hauer & Lamberti 1996
		Dolichopodidae	4	Barbour et al,1999
		Chironomidae	6	Bode et al,1996
		Psychodidae	10	Hauer & Lamberti 1996
3	Odonata	Gomphidae	1	Hauer & Lamberti 1996
		Coenagrionidae	9	Hauer & Lamberti 1996
4	Coleopteran	Haliplidae	5	Bode et al,1996
		Hydrophilidae	5	Bode et al,1996
		Dytiscidae	5	Bode et al,1996
5	Gastropod	Corbiculidae	6	Bode et al,1996
		Physidae	8	Barbour et al,1999
		Planorbidae	7	Barbour et al,1999
		Hydrobiidae	7	Barbour et al,1999
		Sphaeriidae	8	Bode et al,1996
		Valvatidae	7	Barbour et al,1999
		Viviparidae	6	Barbour et al,1999
		Lymnaeidae	8	Barbour et al,1999
6	Hemiptera	Mesovelidae	10	Barbour et al,1999
		Naucoridae	5	Barbour et al,1999
		Corixidae	5	Barbour et al,1999
		Belostomatidae	10	Bode et al,1996
7	Trichoptera	Hydropsyschidae	4	Barbour et al,1999
8	Araneae	Agelenidae/Water spider		
9	Amphipoda	Gammaridae	4	Hauer & Lamberti 1996
10	Oligochaeta	Oligochaeta	8	Bode et al,1996

Quadro 2: Avaliação da qualidade da água utilizando o índice biótico ao nível da família (Hilsenhoff, 1988

Family Biotic Index	Water Quality	Degree of Organic Pollution
0.00-3.75	Excellent	Organic pollution unlikely
3.76-4.25	Very good	Possible slight organic pollution
4.26-5.00	Good	Some organic pollution probable
5.01-5.75	Fair	substantial pollution likely

| 5.76-6.50 | Poor | substantial pollution likely |
| 7.26-10.00 | Very poor | Severe organic pollution likely |

África do Sul Sistema de pontuação

Tabela 3: Avaliação da qualidade da água utilizando o Sistema de Pontuação da África do Sul/SASS/ (Dallas & Day, 2006)

SASS	ASPT	ecological category	category name	Description
137-166	8.2-9	A	Natural	unmodified natural
108-137	7.4-8.2	B	Good	natural with few modification
79-108	6.6-8.2	C	Fair	moderately modified
<79	<6.6	D	Poor	largely modified

O índice do Sistema de Pontuação Sul-Africano (SASS) foi calculado com base nas pontuações atribuídas a cada táxon (Quadro 4)

Quadro 4: Valor do sistema de pontuação da África do Sul

S/N	Order	Family	score	Reference
1	Ephemeroptra	Baetidae	4	(Dickens & Graham, 2002)
		Heptagenidae	13	(Dickens & Graham, 2002)
		Caenidae	6	(Dickens & Graham, 2002)
2	Dipteral	Tipulidae	5	(Dickens & Graham, 2002)
		Culicidae	1	(Dickens & Graham, 2002)
		Tabanidae	5	(Dickens & Graham, 2002)
		Dolichopodidae	4	(Dickens & Graham, 2002)
		Chironomidae	2	(Dickens & Graham, 2002)
		Psychodidae	1	(Dickens & Graham, 2002)
3	Odonata	Gomphidae	6	(Dickens & Graham, 2002)
		Coenagrionidae	4	(Dickens & Graham, 2002)
4	Coleopteran	Haliplidae	5	(Dickens & Graham, 2002)
		Hydrophilidae	5	(Dickens & Graham, 2002)
		Dytiscidae	5	(Dickens & Graham, 2002)
5	Gastropoda	Corbiculidae	5	(Dickens & Graham, 2002)
		Physidae	3	(Dickens & Graham, 2002)
		Planorbidae	3	(Dickens & Graham, 2002)
		Hydrobiidae	3	(Dickens & Graham, 2002)
		Sphariidae	3	(Dickens & Graham, 2002)
		Valvatidae	3	(Dickens & Graham, 2002)
		Viviparidae	6	(Dickens & Graham, 2002)
		Lymnaeidae	3	(Dickens & Graham, 2002)
6	Hemiptera	Mesovelidae	5	(Dickens & Graham, 2002)
		Naucoridae	7	(Dickens & Graham, 2002)
		Corixidae	3	(Dickens & Graham, 2002)
		Belostomatidae	3	(Dickens & Graham, 2002)
7	Tricoptera	Hydropsyschidae	4	(Dickens & Graham, 2002)
8	Araneae	Agelenidae/Water spider		

| 9 | Amphipoda | Gammaridae | 13 | (Dickens & Graham, 2002) |
| 10 | Oligochaeta | Oligochaeta | 1 | (Dickens & Graham, 2002) |

4.5 Controlo de qualidade

Foi efectuado um controlo de qualidade dos procedimentos no terreno para garantir um elevado nível de coerência e precisão em todas as operações, ou seja, medições no terreno in situ, recolha de amostras e processamento no terreno, perturbação humana e avaliação do habitat. Foi seguido um método e um protocolo de procedimento normalizado.

4.6 Garantia de qualidade

Por uma questão de qualidade, os dados de garantia foram cuidadosamente avaliados utilizando procedimentos operacionais normalizados e foi efectuada uma dupla entrada de dados para assegurar a qualidade dos dados.

4.7 . Análise de dados

O índice de diversidade de Shannon (Turkmen & Kazanci, 2010), o índice de diversidade de Simpson (Smith & Wilson, 1996) e o índice de diversidade de Margallef (Gamito, 2010) foram utilizados para medir a diversidade de macroinvertebrados e aves registados nos 12 locais de amostragem. A análise de agrupamento de Bray-Curtis e o índice de diversidade de Shannon foram calculados a partir dos taxa de macroinvertebrados ao nível da família de cada local utilizando o software Bio-Diversity Professional.

Os taxa físico-químicos e de macroinvertebrados, bem como outras variáveis ambientais da água quente e das aves, foram analisados pelo software Past para identificar os parâmetros que influenciam os macroinvertebrados e as aves das fontes termais de Amhara Oriental. Antes de utilizar o Past, os dados biológicos e ambientais foram transformados utilizando a raiz quadrada e o $\log(x + 1)$, respetivamente.

Foi realizada uma análise de regressão múltipla para analisar a existência de relação linear entre os dados biológicos representados pelos índices de diversidade de Shannon, índice de diversidade de Simpson e outros índices bióticos (comunidades de macroinvertebrados e comunidade de aves) e as variáveis ambientais, através do método de seleção stepwise forward para selecionar os melhores preditores ambientais, utilizando o pacote de software STATISTICA® versão 7.1. Antes da análise, os dados ambientais foram transformados em $\log(x + 1)$, em que x é o valor de uma variável ambiental.

4.8 Considerações éticas

O estudo foi realizado após a obtenção de autorização do comité de ética da Universidade de Jimma, faculdade de saúde pública e ciências médicas.

4.9   Plano de divulgação

O resultado final deste estudo foi apresentado à Universidade de Jimma, no Departamento de Saúde Pública e Ciências Médicas, no Departamento de Ciências e Tecnologias da Saúde Ambiental, e foi divulgado junto dos ministros responsáveis, do estado regional de Amhara, da zona especial de Oromia e de outras organizações governamentais e não governamentais que se interessam pelas conclusões do estudo. Será igualmente considerada a publicação em revistas nacionais e internacionais.

CAPÍTULO 5

RESULTADO

5.1 Caraterísticas físico-químicas das amostras de água

Os valores do exame físico-químico das amostras dos diferentes locais são apresentados no quadro 5. Os valores variam consideravelmente entre os 12 locais. Os níveis de temperatura da água foram particularmente elevados nos locais B1, H1, S1 e A1, onde surgiram as fontes termais. O nível de turbidez variava entre 4,4 e 33,8 em todos os locais, com exceção do nível de turbidez elevado no local S2, que era de 185. Os valores de pH de todas as amostras de água situavam-se no intervalo de 7,09-8,63. O oxigénio dissolvido era geralmente baixo nos locais emergentes das nascentes termais, sendo mesmo nulo nos locais H1 e B1. A condutividade eléctrica era elevada, particularmente nos locais S2, S1 e A2. Por outro lado, a CE é muito baixa nos locais A1 e S3, onde a água foi submersa em areias antes dos locais de amostragem. Os restantes locais apresentavam um padrão semelhante no valor da CE, que variava entre 974 e 1398. Em geral, a profundidade da água em todos os locais de amostragem era pouco profunda e o caudal era baixo. Os valores dos nutrientes distribuíram-se de forma semelhante, exceto no que diz respeito ao ortofosforo e ao azoto nítrico, que foram mais elevados nos locais S2 e H3 do que nos restantes locais. A concentração de cloreto no local H3 foi superior à dos outros locais das nascentes termais.

Tabela 5 Parâmetros físico-químicos das amostras de água e estatísticas resumidas (N=12) dos 12 locais de amostragem de fontes termais na região de Amhara Oriental, Etiópia, 2013

Environmental variables	A1	A2	A3	B1	B2	B3	H1	H2	H3	S1	S2	S3	Min	Max	Mean	StDv
Altitude	1301	1293	1288	1403	1399	1392	1566	1561	1517	1437	1435	1433	1288	1566	1418.75	95.583
Ambient Temperature(0c)	28	30	28	25	21	21	27	28	32	22	24	28	21	32	26.17	3.563
Water Temperature(0c)	51.6	32.5	29.9	72	42	38.8	70	40	34	52	33.4	27.3	27	72	43.58	15.018
DO(mg/l)	5.41	5.72	5.28	0.46	4.23	5.84	0	9.05	8.4	2.23	5.58	7.87	0	9	4.92	2.968
EC(µS/cm)	2.68	1508	1204	1394	1240	1247	1211	974	1077	1798	2181	3.34	3	2181	1153.33	629.73
Ph	7.99	8.07	7.95	7.84	8.32	8.63	7.14	8.12	8.13	7.09	8.39	8.42	7	9	7.92	0.51
Velocity	0.1	0.4	0.5	0.1	0.5	0.5	0.2	0.36	0.5	0.2	0.3	0.3	0.10	0.50	0.33	0.15
Water depth	0.7	0.4	0.5	1.2	0.5	1	0.4	0.3	0.15	0.2	0.2	0.4	0.15	1.20	0.49	0.32
Discharge	0.05	0.28	0.5	0.01	1.5	1.5	0.3	0.36	0.5	0.1	0.3	0.5	0.01	1.50	0.49	0.49
Turbidity	10.27	13.3	30.9	33.8	9.44	11.5	4.4	17.1	31.5	8.87	185	13.5	4.00	185.00	30.83	49.57
Orto-phosphate	0.1	0.08	0.09	0.06	0.14	0.2	0.08	0.1	0.18	0.11	0.91	0.11	0.06	0.91	0.18	0.23
Nitrate –N	0.16	1.18	0.8	0.75	0.42	0.45	0.28	0.52	2.48	0.66	1.2	0.89	0.16	2.48	0.82	0.61
Total-N	2.41	2.46	3.18	3.36	31.7	1.33	1.71	2.28	3.26	3.8	4.5	3.7	1.33	31.70	5.31	8.36
Chloride	36.84	35.49	41.84	37.98	29.99	53	39.7	52.98	53.67	43.9	50.63	52.98	30.00	54.00	44.16	8.38
Valid N (listwise)																

Análise de componentes principais das variáveis ambientais

Um bi-plot dos locais de amostragem e das variáveis ambientais mostrou que havia uma distinção clara entre os locais de amostragem (Figura 3). A condutividade, o ortofosfato, a altitude, o nitrato-N e o cloreto foram fortemente correlacionados negativamente com H2, S2 e H3, enquanto o TN, o caudal, o pH, a velocidade e o DO foram mais correlacionados com os locais de amostragem A2, A3, B3 e B2. A profundidade da água só foi correlacionada com A1 e com os locais de B1. H1 e S1 não foram correlacionados com nenhuma destas variáveis ambientais. A associação do local S3 foi relançada no eixo x entre o componente 1 e o componente 2.

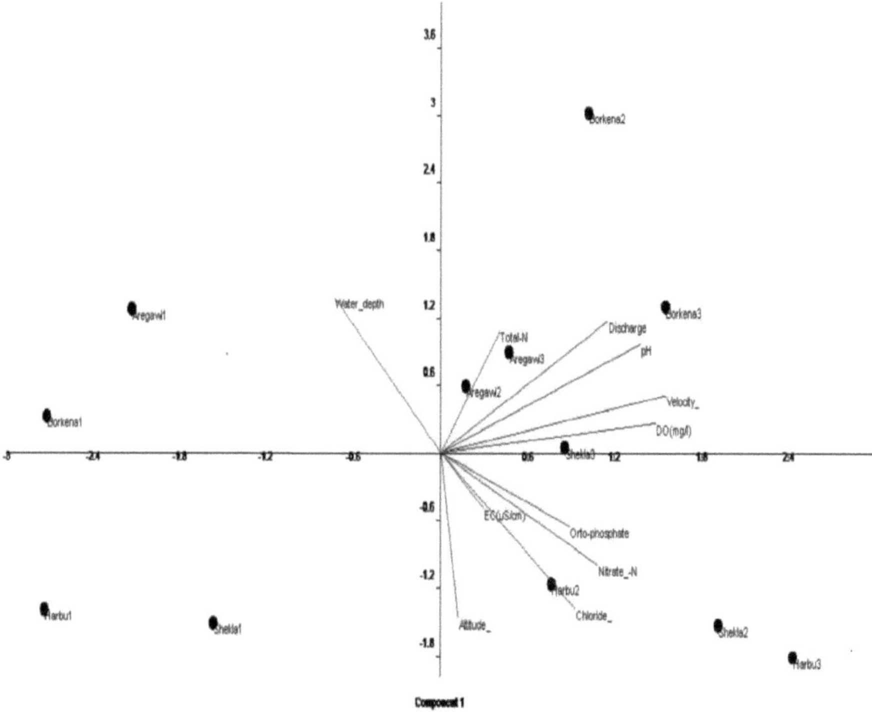

Figura 3: Biplot da análise de componentes principais das variáveis ambientais em 12 locais de amostragem de fontes termais na região de Amhara Oriental, Etiópia, 2013

5.2 Comunidade de macroinvertebrados

Um total de 1095 macroinvertebrados, pertencentes a 10 ordens e 31 famílias de macroinvertebrados, foram recolhidos em 12 locais de amostragem dos quatro sítios. As ordens mais abundantes foram Diptera 548 (49,90%), Odonata 170 (15,53%), Coleopteran 142 (12,97%) e Ephmeropetra 104 (9,5%), representadas por 14 famílias. Estas famílias representaram mais de 88% do total das amostras de macroinvertebrados.

Tabela 6: Percentagem da ordem dos macroinvertebrados em 12 locais de amostragem de fontes termais na região de Amhara Oriental, Etiópia, 2013

Order	Number	%
Ephemeroptera	104	9.50
Diptera	547	49.90
Odonata	170	15.5
Coleopteran	142	12.96
Gastropoda	75	6.85
Hemiptera	39	3.56
Trichoptera	1	0.09
Araneae	1	0.09
Amphipoda	7	0.64
Oligochaeta	9	0.82
Total	1095	100%

Não foram encontrados macroinvertebrados em dois locais, H1 e B1. Nos restantes 10 locais, apenas foram encontrados chironomídeos. A maioria dos taxa de macroinvertebrados foi encontrada em cinco locais, nomeadamente B3 (13 famílias), S2 (13 famílias), A3 (12 famílias), B2 (9 famílias) e A2 (8 famílias) (Quadro 7).

Tabela 7: número de famílias de macroinvertebrados em 12 locais de amostragem de fontes termais na região de Amhara Oriental, Etiópia, 2013

Site code	Richness
A1	2
A2	8
A3	12
B1	0
B2	9
B3	13
H1	0
H2	6
H3	2
S1	1
S2	13
S3	7

5.2.1 Índices de macroinvertebrados

Índice de Simpson

O índice de diversidade de Shannon das comunidades de macroinvertebrados foi significativamente mais baixo em todos os 10 sítios onde foram encontrados macroinvertebrados, com uma variação de 0,075-0,837 (Quadro 8).

Índice de diversidade de Simpson

O índice de diversidade de Simpson das comunidades de macroinvertebrados foi também significativamente mais baixo em todos os 10 locais onde foram encontrados macroinvertebrados, variando entre 0,14 e 0,917 (Quadro 8).

Índice de diversidade de Margaleff

Os valores do Índice de Diversidade de Margaleff dos macroinvertebrados, como se mostra na Tabela 8, situam-se entre 10,842 e 26,034. O valor mais baixo para os macroinvertebrados registou-se no sítio S2 e o valor mais elevado no sítio H2.

Tabela 8: O índice de diversidade de Shannon, Simpson e Margaleff para a comunidade de macroinvertebrados em 12 locais de amostragem de fontes termais em Amhara Oriental, Etiópia 2013. H'= Shannon H'Log base 10, Hmax= Shannon Hmax Lof Base 10, J'= Shannon J', D= diversidade de Simpson e M= margalef M Base 10

site name	H'	Hmax	J'	D	M
A1	.148	0.301	0.493	0.805	15.996
A2	0.821	0.903	0.909	0.14	19.633
A3	0.837	1.079	0.775	0.178	15.071
B1					
B2	0.479	0.954	0.502	0.405	13.513
B3	0.761	1.114	0.683	0.255	15.238
H1					
H2	0.726	0.778	0.933	0.141	26.034
H3	0.075	0.301	0.25	0.917	21.011
S1	0.217	0.301	0.722	0.6	41.49
S2	0.805	1.079	0.745	0.214	10.842
S3	0.406	0.845	0.48	0.598	12.845

Nível familiar Índice biótico

O índice biótico ao nível da família mostrou uma variação significativa entre os locais estudados. Quatro locais (A1, B3, H3 e S1) foram classificados como de má qualidade da água. B2 foi classificado como água de excelente qualidade, ao contrário de A2, que se encontrava provavelmente sob poluição orgânica grave. Os restantes quatro locais estão classificados como tendo uma qualidade de água razoável, como mostra a Tabela 4.

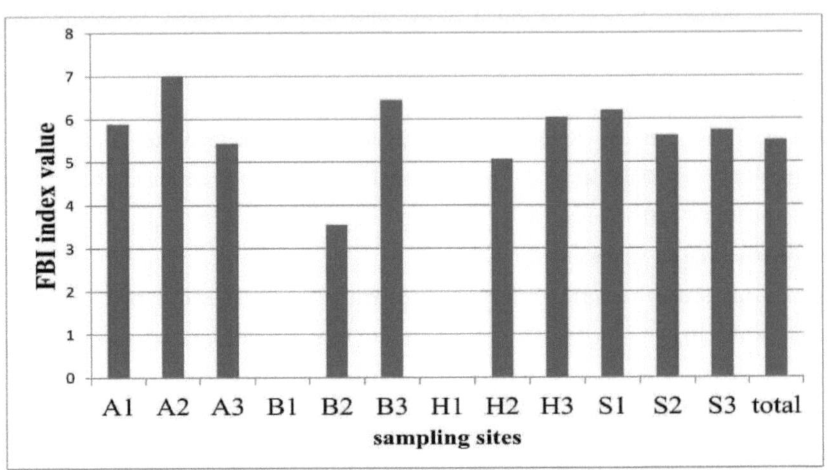

Figura .4 Categoria de índice biótico de nível familiar de macroinvertebrados em 12 locais de amostragem de fontes termais na região de Amhara Oriental, Etiópia, 2013

Taxa dominante

Chironomidae dominou mais de 50% dos sítios estudados e os restantes quatro sítios foram dominados por oligochaeta (A2), Hydrobiidae (A3), Gomphidae (B2) e Haliplidae (H2). Em B1 e H1, não foram encontrados macroinvertebrados (Tabela 9).

Tabela 9 taxa dominantes de macroinvertebrados em 12 locais de amostragem de fontes termais na região de Amhara Oriental, Etiópia, 2013.

Sampling site name	Dominant Taxa	% value
A1	Chironomidae	89.23
A2	Oligochaeta	23.33
A3	Hydrobiidae	27.38
B1		
B2	Gomphidae	47.86
B3	Chironomidae	41.25
H1		
H2	Haliplidae	30.77
H3	Chironomidae	95.83
S1	Chironomidae	80
S2	Chironomidae	35.3
S3	Chironomidae	76.8

África do Sul Sistema de pontuação

Os valores do Sistema de Pontuação Sul-Africano (SASS) e da Pontuação Média por Taxa (ASPT) variaram significativamente entre os doze locais das fontes termais. O SASS e o ASPT registaram um máximo no local B3 e um mínimo no S1, como se pode ver no Quadro 5.

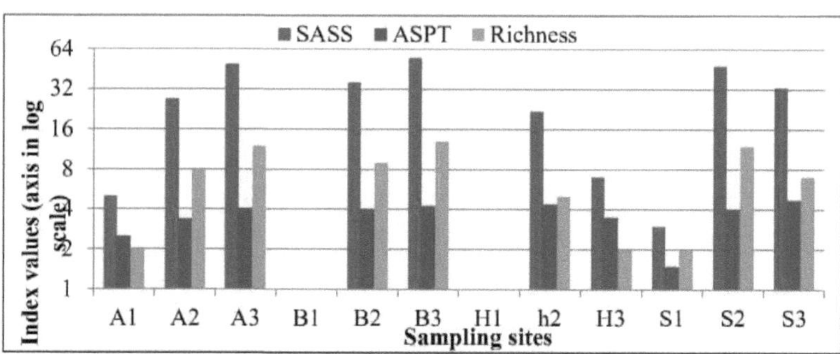

Figura 5: Sistema de pontuação da África do Sul/SASS/, pontuação média por taxa/ASPT/ e riqueza de macroinvertebrados em 12 locais de amostragem de fontes termais na região de Amhara Oriental, Etiópia, 2013.

5.2.2 . Análises multivariadas de dados de macroinvertebrados

Pontuação da perturbação humana e índice de qualidade do habitat

A pontuação da perturbação humana nos habitats estudados variou consideravelmente entre os sítios. Dez dos doze sítios apresentavam pontuações totais de perturbação humana superiores a B2 e B3, que correspondem a uma classe de perturbação moderada (Quadro 10).

O índice de qualidade dos habitats A3, B2 e B3 foram classificados como sub-óptimos e B1, H1 e S1 foram classificados como condições pobres e os restantes seis locais foram classificados como classe de condição marginal e nenhum dos locais foi caracterizado por condições óptimas (Quadro 10).

Quadro 10: Pontuação do habitante e do impacto humano em 12 locais de amostragem de fontes termais na região de Amhara Oriental, Etiópia, 2013

Sampling site	Human impact		Habitat condition	
	Score	Class	Score	Class
A 1	100	Severe	83	Marginal
A2	104	Severe	106	Marginal
A3	100	Severe	124	Sub-optimum
B 1	105	Severe	34	Poor
B 2	74	Moderate	142	Sub-optimum
B3	67	Moderate	146	Sub-optimum
H 1	105	Severe	59	Poor
H 2	87	Severe	91	Marginal
H3	93	Severe	79	Marginal
S1	105	Severe	50	Poor
S2	97	Severe	93	Marginal
S3	95	Severe	92	Marginal

Pontuação do estado do habitat: medíocre<60, marginal 60-109, sub-ótimo 110-159 e ótimo 160-200 (Barbour, Gerritsen, Snyder, & Stribling, 1999), e perturbação baixa<25, perturbação moderada >25-75 e perturbação grave >75-125 (MDEP, 2009).

Análise de clusters de variáveis ambientais

A análise hierárquica de agrupamento a partir das variáveis ambientais (Figura 6) mostrou que os locais de amostragem podem ser classificados em três categorias principais. A primeira categoria é constituída por amostras com valores baixos de condutividade eléctrica e a segunda por amostras caracterizadas por parâmetros semelhantes de turbidez e velocidade. O último grupo possível foi estabelecido com base no pH médio e no valor da velocidade

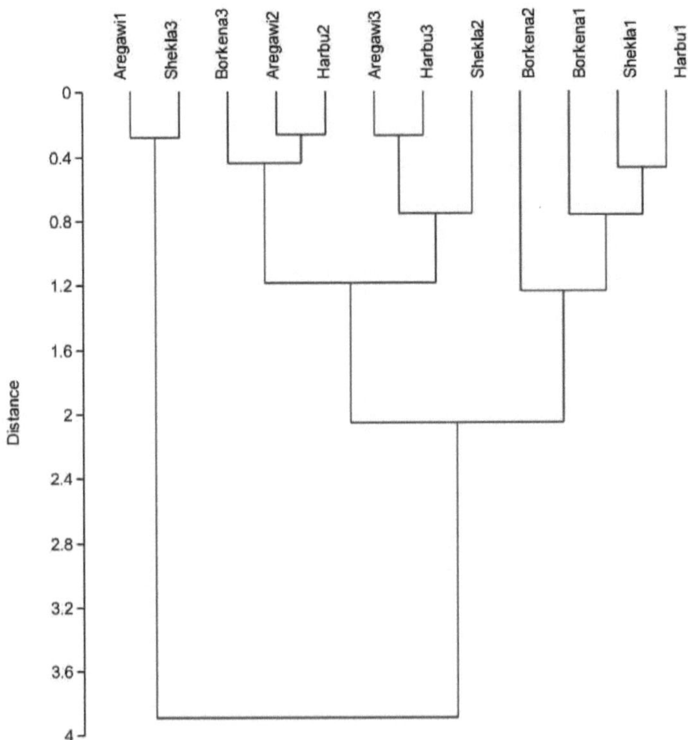

Figura. 6 análise de clusters (ligação simples) baseada em dados ambientais em 12 locais de amostragem de fontes termais na região de Amhara Oriental, Etiópia, 2013

Influência da temperatura da água nos índices bióticos

A temperatura da água tem uma forte correlação com o índice biótico ao nível da família e o índice de diversidade de Shannon, mas tem uma correlação fraca com a diversidade de Shannon das aves (Figura 7).

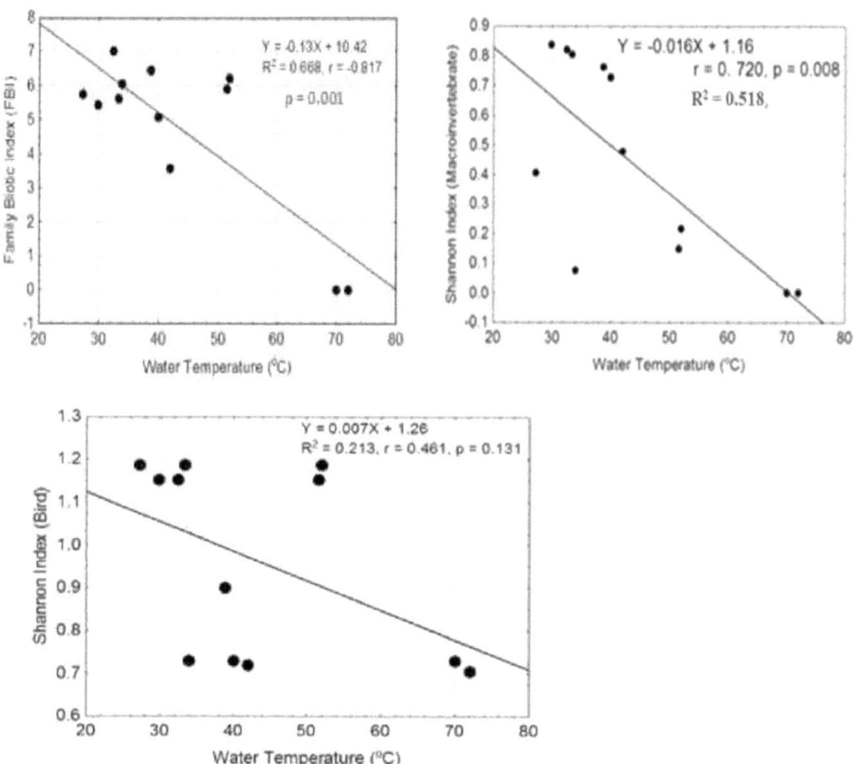

Figura 7: Influência da temperatura da água nos índices bióticos de macroinvertebrados e aves em 12 Sítios de águas termais na região de Amhara Oriental, Etiópia, 2013

5.3 Diversidade das aves

Foi registado um total de 2484 aves pertencentes a 56 espécies nos 12 locais de amostragem. O papafigo-de-cabeça-preta (Oriolus Larvatus), o abibe (Vanellus spinosus), o tecelão-de-óculos (ploceous ocularis) e a alvéola-amarela (Motacilla flava) foram as espécies de aves mais abundantes na área de estudo, representando 10,5%, 8,75%, 8,4% e 7,8% de todas as espécies registadas, respetivamente. O maior número de espécies (23) foi registado nos sítios Shekla (S1, S2 e S3) e o maior número de aves (441) foi observado no sítio B1.

5.3.1 Diversidade das aves

Índice de diversidade de Shannon

O índice de diversidade de Shannon das aves foi mais baixo em seis locais (H1, H2, H3, B1, B2 e B3), apresentando um índice entre 0,72 e 0,9. No entanto, o índice calculado com base nas comunidades de aves em seis locais (S1, S2, S3, A1, A2 e A3) apresentou um valor superior a 1 e uma variação entre 1,153 e 1,187 (Quadro 11).

Índice de Diversidade de Simpson

O índice de diversidade de Simpson das comunidades de aves também foi significativamente mais baixo em todos os 12 locais onde as aves foram estudadas, variando de 0,08 a 0,319, como mostra o Quadro 11.

Índice de Diversidade Margaleff

Os valores do índice de diversidade de Margaleff das aves situaram-se entre 20,798 e 25,015 (quadro 11). O valor mais baixo foi para B1 e o mais alto foi para H1, H2 e H3 (Tabela 10). Este índice apresenta uma variação consoante o número de espécies, pelo que o número de indivíduos é menos importante para o cálculo.

Tabela 11: O índice de diversidade de Shannon, Simpson e Margaleff da comunidade de aves em 12 locais de amostragem de fontes termais em Amhara Oriental, Etiópia, 2013. H'= Shannon H'Log base 10, Hmax= Shannon Hmax Lof Base 10, J'= Shannon J', D= Simpson diversity e M= margaleff M Base 10

site name	H'	Hmax	J'	D	M
A 1	1.153	1.322	0.872	0.088	24.832
A2	1.153	1.322	0.872	0.088	24.832
A3	1.153	1.322	0.872	0.088	24.832
B 1	0.705	1.255	0.562	0.295	20.798
B 2	0.72	0.954	0.754	0.269	24.185
B3	0.9	1.23	0.731	0.184	23.727
H 1	0.729	1.146	0.636	0.319	25.015
H 2	0.729	1.146	0.636	0.319	25.015
H3	0.729	1.146	0.636	0.319	25.015
S1	1.187	1.362	0.872	0.08	23.344
S2	1.187	1.362	0.872	0.08	23.344
S3	1.187	1.362	0.872	0.08	23.344

5.3.   2Análise multivariada dos dados relativos às aves

A análise hierárquica de agrupamento das aves (Figura 8) indicou que os locais de amostragem podiam ser agrupados em três classes principais. A primeira categoria incluía amostras de locais de cursos de água sem quaisquer zonas húmidas. O segundo grupo incluiu amostras de zonas húmidas e de cursos de água e a terceira classe consiste em amostras de zonas tipicamente húmidas.

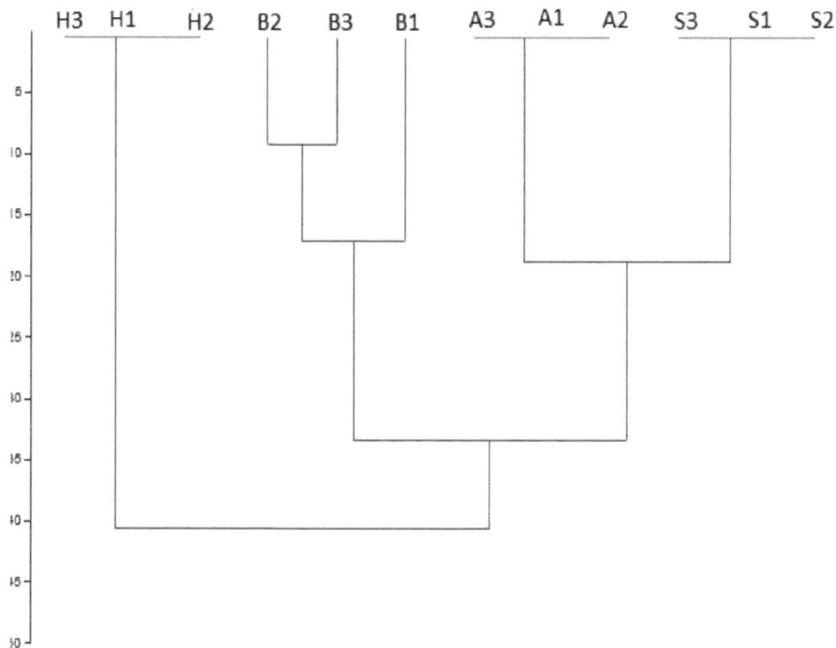

Figura. 8 Análise de clusters (ligação única) baseada em dados de aves em 12 locais de amostragem de fontes termais na região de Amhara Oriental, Etiópia, 2013

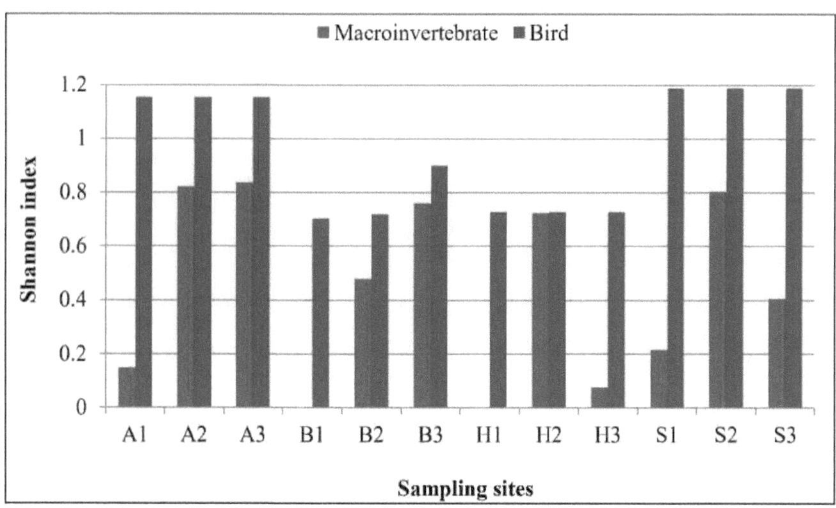

Figura 9: Índice médio de diversidade de Shannon calculado a partir de macroinvertebrados e aves em 12 locais de amostragem de fontes termais na região de Amhara Oriental, Etiópia, 2013.

41

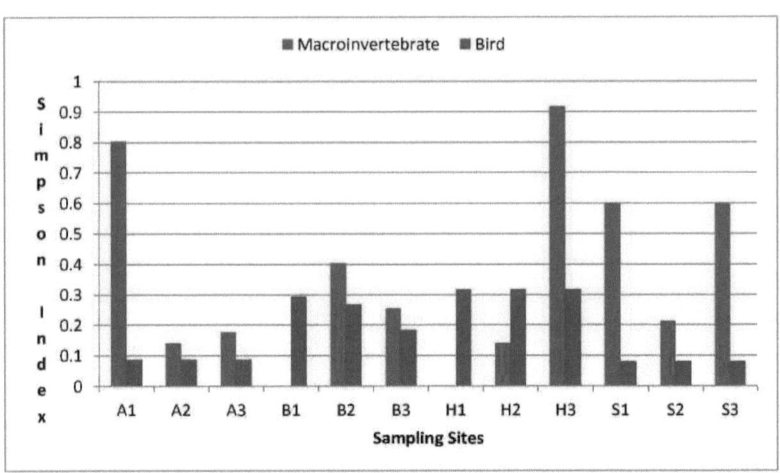

Figura 10: Índice médio de diversidade de Simpson (D) calculado a partir de macroinvertebrados e aves em 12 locais de amostragem de fontes termais na região de Amhara Oriental, Etiópia, 2013.

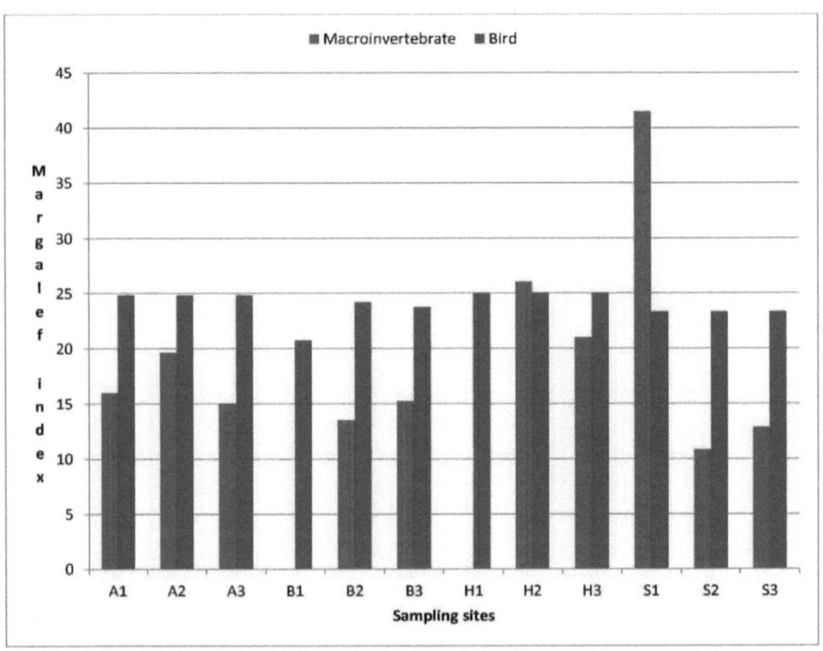

Figura 11: Média de Margaleff calculada para macroinvertebrados e aves em 12 locais de amostragem de fontes termais na região de Amhara Oriental, Etiópia, 2013.

CAPÍTULO 6

DISCUSSÃO

A diversidade das aves e dos macroinvertebrados, o estado dos habitantes e a qualidade da água foram fortemente afectados pelas actividades antropogénicas realizadas na massa de água, bem como na área circundante das fontes termais na região de Amhara Oriental. A elevada turbidez e a concentração de cloreto, bem como os baixos valores de oxigénio dissolvido (Quadro 5) podem dever-se principalmente à poluição orgânica causada por excrementos de animais e descargas de esgotos de cidades, aldeias e tendas de residência temporária das nascentes termais, que praticavam a defecação ao ar livre em redor das nascentes. Outro estudo realizado no vale de Borkena também concluiu que a principal causa da deterioração da qualidade da água e do declínio da biodiversidade nas zonas húmidas eram as actividades associadas à agricultura, ao sobrepastoreio e à desflorestação (Getachew, et al., 2012). O outro estudo no Quénia também revelou que havia efeitos claros da captação em algumas medidas físico-químicas, como a condutividade e a turbidez, que eram significativamente mais elevadas em locais com elevada perturbação em comparação com baixa perturbação e utilização da agricultura em torno do riacho (Minaya, McClain, Moog, Omengo, & Singer, 2013).

Sabe-se que a temperatura influencia o processo físico-químico das espécies, conduzindo possivelmente a alterações no calendário dos eventos da história de vida e das interações tróficas (Burgmer, Hillebrand, & Pfenninger, 2009). Este facto pode alterar a diversidade e a composição da comunidade. Assim, a dissemelhança da diversidade das comunidades entre os doze locais de fontes termais pode estar relacionada com a diferença de temperatura. Praticamente todas as facetas da história de vida e da distribuição dos insectos aquáticos são influenciadas pela temperatura. Os insectos aquáticos ocorrem a temperaturas que vão de zero a cerca de 50 °C. Devido a este facto, não foram encontrados macroinvertebrados durante o estudo nos locais B1 e H1 (Quadro 7), onde a temperatura era de 72^0 C e 70^0 C, respetivamente (Quadro 5). No entanto, neste estudo, os macroinvertebrados encontrados a uma temperatura de 52° C que eram chironomidae e Hydrobiidae em S1 e $51,8^0$ C no local H1, que eram chironomidae, e seguindo o gradiente de temperatura, a diversidade de macroinvertebrados melhorou. O metabolismo, o crescimento, a emergência e a reprodução estão diretamente relacionados com a temperatura, enquanto a disponibilidade de alimentos, tanto em quantidade como em qualidade, pode estar indiretamente relacionada (Wallace & Anderson, 2002). O estudo realizado na Islândia revelou que cinco espécies de Diptera, um Coleóptero e duas espécies de ácaros semi-aquáticos foram recolhidos das algas e detritos no canal de saída das fontes termais. As larvas de Chironomidae eram dominantes abaixo dos 41 °C. Espécies como pupas de Scatella nitidifrons e larvas de Stratiomyinae não identificadas foram encontrados a 47 °C. (Stark, Fordayce, & Witerbourn, 1976). Este facto está de acordo com o cenário das fontes termais de Amhara Oriental que desenvolveram uma aclimatação térmica considerável.

Todos os locais de águas termais tinham um valor elevado de condutividade eléctrica (Tabela 5), o que pode dever-se à textura do solo mineral e ao grau de humificação do solo orgânico. Resultados semelhantes foram obtidos na mesma área de estudo no vale de Borkena para locais não termais (Getachew, et al., 2012), bem como no Quénia, que mostrou que a condutividade eléctrica foi identificada como um indicador de actividades antropogénicas (Minaya, McClain, Moog, Omengo, & Singer, 2013).

Em todas as quatro áreas de captação a montante, o caudal de água era muito baixo (Tabela 5) em comparação com os locais de captação a jusante. Como testemunhámos durante o inquérito, todos estes locais de amostragem a montante são utilizados pela comunidade como locais de água benta, como fontes de água potável e para outros fins domésticos. Até construíram um reservatório local, instalaram um sistema de tubagens e condutas na fonte das nascentes para distribuir aos seus peregrinos nos locais A1 e H1. Outro estudo realizado na África do Sul revelou que a extensão dos diferentes usos do solo e a magnitude do impacto de cada uso do solo na redução da quantidade e da qualidade da água (Kotze, Ellery, Macfarlane, & Jewitt, 2012).

A temperatura da água, o oxigénio dissolvido (OD), o azoto total e a turvação variaram entre os locais de amostragem. Entre as variáveis físico-químicas, o pH manteve-se dentro dos limites aceitáveis das normas aplicáveis às águas superficiais em cada local, mas não as outras variáveis (Quadro 5). O índice de diversidade de Shannon (Figura 9) revelou que as comunidades de macroinvertebrados e de aves tinham maior diversidade em A2, A3, B3 e S2 do que nos restantes oito locais de amostragem. No entanto, a sua diversidade do índice de Shannon foi inferior à do estudo anterior realizado em zonas não termais (Getachew, et al., 2012), nas zonas húmidas de Cheffa no Nordeste da Etiópia.

A maioria dos valores medidos utilizando o índice de diversidade de Shannon (Turkmen & Kazanci, 2010) varia entre 1,5 e 3,5, raramente excedendo 4,5. Valores superiores a 3,0 indicam que a estrutura do habitat é estável e equilibrada e valores inferiores a 1,0 indicam a presença de poluição e a degradação da estrutura do habitat. Com base nestes critérios, nenhum dos sítios de fontes termais na região de Amhara Oriental excedeu o nível 1,5 do índice de diversidade de Shannon, quer para as aves (Quadro 11) quer para os macroinvertebrados (Quadro 8). Em especial, o índice de diversidade de Shannon dos macroinvertebrados em todos os sítios foi inferior a 1 e o da comunidade de aves foi inferior a 1 em 50% dos sítios estudados. Do mesmo modo, o índice de diversidade de Shannon para um estudo semelhante efectuado na zona húmida de Cheffa para cursos de água normais foi inferior a um, indicando ainda a presença de níveis elevados de poluição e degradação da estrutura do habitat na área estudada (Getachew, et al., 2012).

De acordo com (Smith & Wilson, 1996), os valores medidos através do índice de diversidade de

Simpson variam entre zero e um. O zero representa a equidade mínima e o um a máxima. Com base neste facto, todos os locais caíram quase zero e indicaram a presença de poluição grave em todos os locais das fontes termais (Figura 10).

O índice biótico familiar mostrou um forte nível de poluição orgânica em todos os sítios das fontes termais. Embora este índice biótico tenha sido originalmente formulado para fornecer um único "valor de tolerância", que é a média dos valores de tolerância de todas as espécies dentro da comunidade de artrópodes bentónicos (Hilsenhoff, 1988), estes resultados mostraram que o índice respondeu bem à carga de poluentes orgânicos. Em riachos não poluídos, o FBI foi maior que o BI, sugerindo menor qualidade da água, e em riachos poluídos, foi menor, sugerindo maior qualidade da água. Estes resultados ocorreram porque os géneros e espécies mais intolerantes de cada família predominam em cursos de água limpos, enquanto os géneros e espécies mais tolerantes predominam em cursos de água poluídos (Mandaville, 2002). Com base nestes critérios, todos os locais da família dos macroinvertebrados obtiveram um valor elevado do índice biótico familiar (Figura 5) e todos os locais foram gravemente deteriorados por actividades antropogénicas.

O SASS é um sistema de biomonitorização adaptado do rio da África do Sul para dar uma indicação da qualidade da água. Isto é feito através da análise dos macroinvertebrados presentes no sistema, acrescentando um valor derivado da tolerância das espécies à poluição, com as espécies mais sensíveis a obterem uma pontuação elevada, enquanto as mais tolerantes obtêm uma pontuação baixa (Dickens & Graham, 2002). Com base neste critério, a maior parte das espécies de macroinvertebrados eram mais tolerantes e tinham um valor de pontuação baixo, o que indicava que a qualidade da água de todos os locais de águas termais estava gravemente deteriorada pelas actividades antropogénicas, uma vez que todos os locais estavam classificados na categoria D, com um valor de pontuação inferior a <79, como mostra a Figura 5.

A análise multivariada da maioria das variáveis ambientais com índices bióticos não foi significativa, exceto a temperatura da água. Foi encontrada uma relação linear entre a temperatura da água e os índices bióticos baseados em macroinvertebrados. As restantes variáveis ambientais não mostraram uma forte associação com os índices biológicos, quer da comunidade de macroinvertebrados quer da comunidade de aves. Além disso, a diversidade de macroinvertebrados e de aves também não mostrou uma forte correlação entre si. O índice de diversidade de Shannon e o índice biótico ao nível da família calculados com base nas comunidades de macroinvertebrados mostram uma correlação negativa significativa com um valor de p <0,05 com a temperatura da água, mas a diversidade de aves não mostrou uma forte associação com a temperatura da água (Figura 7).

As classes de habitat das nascentes termais da região de Amhara Oriental podem ser generalizadas em três (marginal, sub-óptima e óptima), como se pode ver no Quadro 9. Embora as fontes termais suportem uma comunidade de invertebrados diversificada e abundante, constituída por espécies aquáticas e semi-aquáticas, dependendo do nível de perturbação humana e da pontuação dos habitantes. As ordens mais abundantes foram Diptera, Odonata, Coleopteran e Ephemeroptera, representadas por 14 famílias (Quadro 6). Estas famílias representaram mais de 88% das amostras totais de macroinvertebrados, todas elas pertencentes a famílias designadas por generalistas. Este grupo utiliza uma variedade de recursos alimentares, incluindo detritos, plantas, algas epífitas e outros organismos (Barbour, Gerritsen, Snyder, & Stribling, 1999) e é capaz de resistir a perturbações quando os recursos alimentares mudam. Além disso, as assembleias de invertebrados eram relativamente pobres em táxones e tinham baixas densidades nos locais com elevado teor de sedimentos finos, detritos e lama. Cenário semelhante foi notificado em Espanha quando as assembleias de macroinvertebrados mostraram padrões significativamente aninhados, com aqueles em locais ricos em sedimentos consistindo de um subconjunto daqueles em locais com pouco sedimento fino (Buendia, Gibbins, Vericat, Batalla, & Douglas, 2013). Além disso, a diversidade de aves das zonas húmidas foi inferior à da maioria dos outros estudos realizados anteriormente na área de estudo atual (Getachew, et al., 2012) e a outros estudos no Lago Tana (Aynalem & Bekele, 2008). Isto pode estar relacionado com a destruição do habitat resultante das actividades humanas. Conforme notificado durante a recolha de dados, os agricultores estavam a queimar, cortar e arar as partes húmidas da terra para as converter em terras agrícolas e, atualmente, o cultivo era praticado na maioria das zonas húmidas de Aregawi em Shewa Robit, no distrito de Kewet, no local de North Shewa. O estudo realizado por (Mekonnen & Aticho, 2011) em Jimma, na Etiópia, indicou que a escassez de terras agrícolas e a diminuição da produtividade das terras agrícolas forçaram as comunidades circundantes a drenar as zonas húmidas para o cultivo de culturas, a fim de satisfazer a crescente procura de alimentos por parte das famílias. Em geral, as zonas húmidas em torno das fontes termais, que eram utilizadas para a produção de aves, foram gravemente deterioradas pelas actividades humanas, como o sobrepastoreio, a agricultura intensiva e as queimadas para as converter em terras agrícolas, conforme notificado durante o inquérito.

As comunidades com uma elevada abundância de generalistas, incluindo as fontes termais estudadas em Amhara Oriental, eram representativas de um ambiente perturbado. A maioria dos taxa de invertebrados em todos os locais de amostragem, incluindo Baetidae, a família tolerante à poluição da ordem Ephemeroptera (9,5% da abundância total), eram tolerantes à poluição. Além disso, as grandes populações pertencentes às famílias na ordem Diptera (49,9%), Odonata (15,53%) e Coleóptero (12,97%) (Tabela 6), não dependem inteiramente da qualidade da água para sobreviver como mencionado anteriormente por (Getachew, et al., 2012).

Estes resultados indicaram que a qualidade da água em todos os 12 locais foi degradada em graus variáveis devido às actividades humanas (Tabela 10). A baixa diversidade de aves observada (Quadro 10) nas zonas húmidas alimentadas por fontes termais estava de acordo com outros estudos na mesma zona húmida (Getachew, et al., 2012) e com o outro estudo na Etiópia (Aynalem & Bekele, 2008). Esses estudos revelaram que, em habitats naturais onde a interferência humana é relativamente pequena, a diversidade e abundância de espécies é maior do que em habitats fragmentados e onde se pratica uma agricultura intensiva. As alterações neste conjunto de aves reflectem as modificações hidrológicas induzidas pela agricultura à escala da bacia hidrográfica, que têm efeitos significativos na representação relativa dos habitats das zonas húmidas (Robledano, Esteve, Farinos, Carreno, & Martinez-Fernandez, 2010). A vegetação de papiro, indispensável para muitas espécies de aves das zonas húmidas, foi degradada devido à sua forte utilização pela comunidade local, para contribuição envolve como material de construção de caça local, venda à comunidade vizinha como necessidades básicas diárias, servindo como pastagem). A perda desta vegetação também reduz os serviços antipoluição da zona húmida, devido à eficácia desta espécie na redução dos níveis de azoto e fósforo na água (Abe, Ozaki, & Mizuta, 1999), que consideraram os indicadores baseados na vegetação como um instrumento promissor para avaliar o estado dos nutrientes das zonas húmidas em áreas onde a perturbação da paisagem é ligeira a moderada.

De acordo com (Chiputwa, Morardet, & Mano, 2005) a água das zonas húmidas foi aproveitada para uma variedade de fins dentro dos agregados familiares, que incluem beber, lavar, tomar banho, irrigação e construção, entre outros. O aumento da drenagem e do cultivo da bacia hidrográfica das fontes termais e das zonas húmidas relacionadas, quando o nível da água recua após as chuvas, afectou grandemente o ecossistema das zonas húmidas. O estudo realizado no Mediterrâneo mostrou que as actividades humanas nas zonas húmidas ameaçavam a existência de muitas aves, destruindo o seu habitat ou afectando diretamente a sua sobrevivência e o seu sucesso reprodutivo, e a família mais importante, Alaudidae (e particularmente espécies como Melanocorypha calandra), perdeu-se devido à degradação das zonas húmidas, que eram habitats ideais para o empoleiramento e a termorregulação (Robledano, Esteve, Farinos, Carreno, & Martinez-Fernandez, 2010). Esta situação prevalece também na zona húmida das fontes termais estudadas.

CAPÍTULO 7
CONCLUSÃO E RECOMENDAÇÃO

O estudo das fontes termais na região de Amhara Oriental fornece uma avaliação preliminar do que acontece predominantemente no gradiente de temperatura, impactos antropogénicos, parâmetros físico-químicos e outras variáveis ambientais nas comunidades de macroinvertebrados e aves. A diversidade geralmente baixa de aves e macroinvertebrados indica um efeito global de temperatura elevada da água, degradação da qualidade da água e perturbação da vegetação em todas as fontes termais, embora as correlações variáveis entre a temperatura da água e a diversidade de espécies sugiram que o gradiente de temperatura afecta os locais em geral. São necessários estudos longitudinais que abranjam as estações húmidas e secas para examinar a influência hidrológica nas comunidades de macroinvertebrados e aves, considerando a origem, o movimento, o perfil do solo e os minerais nas águas superficiais e subterrâneas, bem como a degradação do solo e a diversidade da vegetação, para melhor avaliar a contribuição relativa dos impactos antropogénicos e naturais. Estes estudos podem também validar e atualizar o índice local de macroinvertebrados e aves das nascentes termais iniciado pelos investigadores. Esta informação biofísica de base ampla, juntamente com estudos pormenorizados sobre a utilização dos solos das comunidades agrícolas, pastoris e urbanas, pode constituir a base de um quadro de ecoturismo das nascentes termais que pode informar os gestores e outros decisores a nível local e estatal sobre a adoção de um planeamento integrado e de medidas preventivas para uma maior proteção e utilização sustentável da beleza da natureza.

Referência

A' lvarez-Cabria, M., Barqul'n, J., & Juanes, J. A. (2010). Variabilidade espacial e sazonal das métricas de macroinvertebrados: Será que as comunidades de macroinvertebrados acompanham a saúde dos rios? Indicadores Ecológicos , 370-379.

Abe, K., Ozaki, Y., & Mizuta, K. (1999). Avaliação de plantas úteis para o tratamento de águas de lagoas poluídas com baixas concentrações de N e P. oil Sci. Plant Nu tr, 409-417.

Ambelu, A., Lock, K., & Goethals, P. (2010). Comparação de técnicas de modelação para prever a composição da comunidade de macroinvertebrados em rios da Etiópia. Ecological Informatics , 147- 152.

APHA. (1995). Standard methods for examination of water and wastewater. washington DC: Associação Americana de Saúde Pública.

Asli, K. (2011). Análise da variação espacial e temporal dos níveis de indicadores microbianos fecais nos principais rios que desaguam no Mar Egeu, Turquia. Indicadores Ecológicos , 1360-1365.

Asli, K. (2011). Análise da variação espacial e temporal dos níveis de indicadores microbianos fecais nos principais rios que desaguam no Mar Egeu, Turquia. Ecological Indicators , 1360-1365.

Aynalem, S., & Bekele, A. (2008). Composição de espécies, abundância relativa e distribuição da avifauna dos habitats ribeirinhos e húmidos de Infranz e Yiganda no extremo sul do Lago Tana, Etiópia. Tropical Ecology, 199-209.

Aynalem, S., Bekele, A., & Getahun, A. (2008). Diversidade de Espécies, Distribuição, Abundância Relativa e Associação de Habitat da Fauna Aviária de Habitat Modificado de Bahir Dar e Ilha Debre Mariam, Lago Tana, Etiópia. Revista Internacional de Ecologia e Ciências Ambientais, 259267.

Baghela, V. S., Gopalb, K., Dwivedia, S., & Tripathi, R. D. (2005). Indicadores bacterianos de contaminação fecal do sistema do rio Ganges diretamente na sua nascente. Indicadores Ecológicos , 49-56.

Baldwin, D., Nielsen, D., Bowen, P., & Williams, J. (2005). Recommended Methods for Monitoring Floodplains and Wetlands (Métodos recomendados para a monitorização de planícies aluviais e zonas húmidas). Cidade de Camberra: Comissão da Bacia do Murray-Darling.

Barbour, M. T., Gerritsen, J., Snyder, B. D., & Stribling, J. B. (1999). Rapid Bioassessment Protocols For Use in Streams and Wadeable Rivers: Periphyton, Benthic Macroinvertebrates, and Fish. Washington, DC 20460: EPA 841-B-99-002.

Beyene, A., Addis, T., Kifle, D., Legesse, W., Kloos, H., & Triest, L. (2009). Estudo comparativo de diatomáceas e macroinvertebrados como indicadores de poluição severa da água: Case study of the Kebena and Akaki rivers in Addis Ababa, Ethiopia. ecological indicators , 381-392.

Bhusare, D. U., & Wakte, S. P. (2011). Atributos microbiológicos e físico-químicos da fonte de enxofre de água quente de Unkeshwar. Life Science, 2(4), 4-6.

Bogdan, H.-V., Covaciu-Marcov, S.-D., ANTAL, C., CICORT-LUCACIU, A.-§., & SAS, I. (2011). NOVOS CASOS DE ANFÍBIOS ACTIVOS NO INVERNO NAS ÁGUAS TERMAIS DE BANAT, ROMÉNIA. Arch. Biol. Sci., Belgrado, 1219-1224,.

Boyle, T. P., & Fraleigh Jr., H. D. (2003). Factores naturais e antropogénicos que afectam a estrutura da comunidade de macroinvertebrados bentónicos numa zona dominada por efluentes do rio Santa Cruz, AZ. Indicadores Ecológicos , 93-117.

Brazner, J., Danz, N., Niemi, G., Regal, R., Trebitz, A., Howe, R., . . . Sgro, G. (2007). Avaliação das influências geográficas, geomórficas e humanas nos indicadores das zonas húmidas dos Grandes Lagos: A multiassemblage approach. Indicadores Ecológicos , 610-635.

Buendia, C., Gibbins, C. N., Vericat, D., Batalla, R. J., & Douglas, A. (2013). Detectando os impactos estruturais e funcionais de sedimentos finos em invertebrados de riachos. Indicadores Ecológicos, 184-196.

Burgmer, T., Hillebrand, H., & Pfenninger, M. (2009). Effects of climate-driven temperature changes on the diversity of freshwater macroinvertebrates. Mudança global e ecologia da conservação.

Camargo, J. A., Gonzalo, C., & Alonso, Á. (2011). Avaliação da poluição de viveiros de trutas por métricas e índices biológicos baseados em macrófitas aquáticas e macroinvertebrados bentônicos: Um estudo de caso. Indicadores Ecológicos, 911-917.

Ceschin, S., Aleffi, M., Bisceglie, S., Savo, V., & Zuccarello, V. (2012). Briófitas aquáticas como indicadores ecológicos do estado da qualidade da água na bacia do rio Tibre (Itália). Indicadores Ecológicos, 74-81.

Chiputwa, B., Morardet, S., & Mano, R. (2005). DIVERSIDADE DE MEIOS DE SUBSISTÊNCIA BASEADOS EM ZONAS HÚMIDAS NA BACIA DO RIO LIMPOPO. 1-28.

Cucherousset, J., Santoul, F., Figuerola, J., & Ce're'ghino, R. (2 0 0 8). Como é que os padrões de biodiversidade dos animais fluviais emergem das distribuições de espécies comuns e raras? B I O LO G I CA L C O NS E RVAT IO N, 2 9 8 4 -2 9 9 2.

Cummins, K. (1973). Relações tróficas dos insectos aquáticos. Ann. Rev. Entomol. 183-206.

Dallas, H. F., & Day, J. A. (2006). Variação natural nas assembleias de macroinvertebrados e desenvolvimento de um sistema de bandas biológicas para interpretação de dados de bioavaliação - uma avaliação preliminar utilizando dados de locais de terras altas no sudoeste do Cabo, África do Sul. Jornal Internacional de Ciências Aquáticas, 1-10.

De Pauw, N., Gabriels, W., & Goethals, P. (2006). Métodos de monitorização e avaliação de rios baseados em macroinvertebrados. In: Ziglio, G., Siligardi, M., Flaim, G. (Eds.), Biological Monitoring of Rivers: Applications and Perspectives. John Wiley & Sons, 113 - 134.

Deliz Quinones, K. (2005). Avaliação da qualidade da água de um pântano tropical de água doce utilizando insectos aquáticos. Tese de Mestrado. Universidade de Porto Rico, Mayague, (pp. 1-148).

Dickens, C., & Graham, P. (2002). O Sistema de Pontuação Sul-Africano (SASS) Versão 5 do Método de Bioavaliação Rápida para Rios. Jornal Africano de Ciências Aquáticas , 1-10.

Dominguez-Granda, L., Lock, K., & Goethals, P. L. (2011). Utilização de árvores de agrupamento multiobjectivo como ferramenta para prever índices biológicos de qualidade da água com base em macroinvertebrados bentónicos e parâmetros ambientais na bacia hidrográfica de Chaguana (Equador). Ecological Informatics , 303- 308.

Gamito, S. (2010). É necessário ter cuidado ao aplicar o índice de diversidade de Margalef. Indicadores Ecológicos , 550- 551.

Gamito, S., & Furtado, R. (2009). Diversidade alimentar em comunidades de macroinvertebrados: Uma contribuição para estimar o estado ecológico em águas pouco profundas. indicadores ecológicos, 1009-1019.

Gamito, S., Patrício, J., Neto, J. M., Teixeira, H., & Marques, J. C. (2012). Índice de diversidade alimentar como informação complementar na avaliação do estado de qualidade ecológica.

Indicadores Ecológicos , 73-78.

Gerhadta, A., Janssens de Bisthovena, L., & Soaresa, A. (2004). Resposta de macroinvertebrados à drenagem ácida de minas: métricas comunitárias e bioensaio comportamental de toxicidade em linha. Environmental Pollution , 263-274.

Getachew, M., Ambelu, A., Tiku, S., Legesse, W., Adugna, A., & Kloos, H. (2012). Avaliação ecológica da zona húmida de Cheffa no vale de Borkena, no nordeste da Etiópia: Macroinvertebrados e comunidades de aves. Indicadores Ecológicos, 63-71.

Gooderham, J., & Tsyrlin, E. (2002). THE WATERBUG BOOK: A guide to the freshwater macroinvertebrates of temperate Australia. Collingwood VIC 3066: CSIRO PUBLISHING.

Greenberger, B., Desjarins, A., & Degagne, R. (2003). EFEITOS DA POLUIÇÃO DE FONTES NÃO PONTUAIS NA COMUNIDADE DE MACROINVERTEBRADOS DE STANDING STONE CREEK. Journal of Ecological Research, 21-26.

Haki, G. D., & Gezmu, T. B. (2012). Propriedades físico-químicas das águas de algumas fontes termais da Etiópia e o risco para a saúde da comunidade. Greener Journal of Physical Sciences, 138140.

Harwell, M. C., & Sharfstein, B. (2 0 0 9). Submerged aquatic vegetation and bulrush in Lake Okeechobee as indicators of greater Everglades ecosystem restoration. ecological indicators, 54 6- 5 5 5.

Heino, J. (2010). Os grupos de indicadores e a congruência entre táxons são úteis para prever a biodiversidade em ecossistemas aquáticos? Indicadores Ecológicos, 112-117.

Hering, D., Buffagni, A., Moog, O., Sandin, L., Sommerhäuser, M., Stubauer, I., . . . Zahrádková, S. (2003). O desenvolvimento de um sistema para avaliar a qualidade ecológica de amostras com base em macroinvertebrados - conceção do programa de amostragem no âmbito do projeto A QEM. Int . R ev. H ydrobiol, 45-361.

Hilsenhoff, W. L. (1988). 1988. Journal of the North American Benthological Society, 65-68.

Hilsenhoff, W. L. (1988). Avaliação rápida no terreno da poluição orgânica com um Índice Biótico ao nível da família. J. N.Am.Benthol.Sco., 65-68.

Hilsenhoff, W. L. (1988). Rapid Field Assessment of Organic Pollution with a Family-Level Biotic Index (Avaliação rápida no terreno da poluição orgânica com um índice biótico ao nível da família). Journal of the North American Benthological Society, 65-68.

Ivarez-Cabria, M. A., Barquin, J., & Juanes, J. A. (2010). Variabilidade espacial e sazonal das métricas de macroinvertebrados: As comunidades de macroinvertebrados acompanham a saúde do rio? Indicadores Ecológicos , 370-379.

Kireta, A. R., Reavie, E. D., Sgro, G. V., Angradi, T. R., Bolgrien, D. W., Hill, B. H., & Jicha, T. M. (2012). Diatomáceas planctónicas e perifíticas como indicadores de stress nos grandes rios dos Estados Unidos: Testando a qualidade da água e modelos de perturbação. Indicadores Ecológicos , 222-231.

Kotze, D., Ellery, W., Macfarlane, D., & Jewitt, G. (2012). Um método de avaliação rápida para acoplar stressores antropogénicos e condições ecológicas de zonas húmidas. Indicadores Ecológicos , 284-293.

Kruse, A. F. (1997). CARACTERIZAÇÃO DE AMBIENTES ACTIVOS DE NASCENTES TERMAIS UTILIZANDO DETECÇÃO REMOTA MULTIESPECTRAL E HIPERESPECTRAL. Analytical Imaging and Geophysics LLC, 1-8.

Langford, T., Shaw, P., Ferguson, A., & Howard, S. (2009). Recuperação a longo prazo da biota de macroinvertebrados em riachos altamente poluídos: A recolonização como um fator de constrangimento da qualidade ecológica. Ecological Indicators, 1064-1077.

Langford, T., Shaw, P., Ferguson, A., & Howard, S. (2009). Long-term recovery of macroinvertebrate biota in grossly polluted streams:Re-colonisation as a constraint to ecological quality. Indicadores Ecológicos, 1064-1077.

Leghari, S. M., Jahangir, T. M., Khuhawar, M. Y., & Leghari, A. (2001). Physioco-Chemical and Biological Studies of Euthermal Sulphur and Chiliarothermal Springs Lakki Shah Saddar (District Dadu) Sindh, Pakistan. oline Journal Of Biological Sciences, 929-934.

Lyashevska, O., & Farnsworth, K. D. (2012). De quantas dimensões da biodiversidade precisamos? Ecological Indicators , 485-492.

M.Duran. (2006). Monitorização da Qualidade da Água Utilizando Macroinvertebrados Bentónicos e Parâmetros Físico-Químicos da Ribeira de Behzat na Turquia. Polish J. of Environ. Stud., 709-717.

Mallory, M. L., Robinson, S. A., Hebert, C. E., & Forbes, M. R. (2010). As aves marinhas como indicadores das condições do ecossistema aquático: Um caso para reunir múltiplos proxies de saúde de aves marinhas. Marine Pollution Bulletin, 7-12.

Mandaville, S. M. (2002). Benthic Macroinvertebrates in Freshwaters Taxa Tolerance Values, Metrics, and Protocols. Nova Iorque: Soil & Water Conservation Society of Metro Halifax.

MCKEE, J. (2007). ETHIOPIA: COUNTRY ENVIRONMENTAL PROFILE. Addis Abeba: Delegação da CE.

MDEP, (. D. (2009). Plano de projeto de garantia de qualidade para monitorização biológica dos rios, ribeiros e zonas húmidas de água doce do Maine's. Augusta Maine: Programa de Bio-Monitorização, QAPP Gabinete de Qualidade da Terra e da Água.

Mekonnen, T., & Aticho, A. (2011). As forças motrizes da degradação da zona húmida de Boye e a sua composição de espécies de aves, Jimma, Sudoeste da Etiópia. Journal of Ecology and the Natural Environment , 365-369.

Minaya, V., McClain, M. E., Moog, O., Omengo, F., & Singer, A. G. (2013). Efeitos dependentes da escala das actividades rurais sobre macroinvertebrados bentónicos e caraterísticas físico-químicas em riachos de cabeceira do rio Mara, Quénia. Indicadores Ecológicos , 116- 122.

Miserendino, M. L., & Masi, C. I. (2010). Os efeitos do uso do solo nas caraterísticas ambientais e na organização funcional das comunidades de macroinvertebrados em riachos de baixa ordem da Patagônia. Indicadores Ecológicos, 311-319.

Monaghan, K. A., & Soares, A. M. (2010). A bioavaliação de peixes e macroinvertebrados num clima mediterrânico-atlântico: Avaliação do habitat e concordância entre amostras ecológicas contrastantes. Indicadores Ecológicos , 184-191.

Oliver, J., venter, S. J., & Jonker, Z. C. (2011). Caraterísticas térmicas e químicas das nascentes de água quente na parte norte da província do Limpopo, África do Sul.

Olivier, J., Venter, J. S., & Jonker, C. Z. (2011). Caraterísticas térmicas e químicas das nascentes de água quente na parte norte da Província do Limpopo, África do Sul. Water SA Vol. 37 No. 4.

Pace, G., Andreanic, P., Barile, M., Buffagnid, ,. A., Erba, S., Mancini, L., & Belfiorea, C. (2011). Conjuntos de macroinvertebrados à escala do mesohabitat em pequenos cursos de água siliciosos vulcânicos da Itália Central (Ecoregião Mediterrânica). Indicadores Ecológicos , 688-696.

Paisley, M., Walley, W., & Trigg, D. (2011). Identificação de taxa de macro-invertebrados como indicadores de enriquecimento de nutrientes em rios. Ecological Informatics, 399-406.

Pelletier, M. C., Gold, A. J., Heltshe, J. F., & Buffum, H. W. (2010). Um método para identificar espécies indicadoras de poluição de macroinvertebrados estuarinos na Província Biogeográfica da Virgínia. Indicadores Ecológicos , 1037-1048.

Perlo, B. V. (2009). A field guideto the birds of East Africa. Londres: Collins.

Piguet, F. (2002). Cheffa Valley: refuge for 50,000 pastoralists and 200,000 animals. Adis Abeba: UNEmergencies Unit for Ethiopia.

Quevauviller, P., Borchers, U., Thompson, C., & Simonart, T. (2008). A Diretiva-Quadro da Água: Ecological and Chemical Status Monitoring. The Atrium, Southern Gate, Chichester, West Sussex, PO19 8SQ, Reino Unido: John Wiley & Sons, Ltd.

Radomski, P., & Perleberg, D. (2012). Aplicação de um índice versátil de integridade de macrófitas aquáticas para lagos do Minnesota. Indicadores Ecológicos, 252-268.

Robledano, F., Esteve, M. A., Farinos, P., Carreno, M., & Martinez-Fernandez, J. (2010). Aves terrestres como indicadores das alterações induzidas pela agricultura e da perda associada no valor de conservação das zonas húmidas mediterrânicas. Indicadores Ecológicos, 274-286.

Rombouts, Beaugrand, G., Artigas, L., Dauvin, J.-C., Gevaert, F., Goberville, E., ... Kirby, R. (2013). Avaliação da saúde do ecossistema marinho: Estudos de caso de indicadores que utilizam observações diretas e métodos de modelização. Indicadores Ecológicos, 353-365.

Rosenberg, D., & Resh, V. (1993). Freshwater Biomonitoring and Benthic Macroinvertebrates. New York: Chapman & Hall.

Rosgen, D. (1996). Morfologia Aplicada. Em Applied River Morphology. Lakewood, Colorado: Wildland Hydrology.

Ruaro, R., & Gubiani, É. A. (2013). Uma avaliação cientométrica de 30 anos do Índice de Integridade Biótica em ecossistemas aquáticos: Aplicações e principais falhas. Indicadores Ecológicos, 105-110.

Sa'nchez-Montoya, M., Vidal-Abarca, M., & Sua' rez, M. (2010). Comparação da sensibilidade de diversas métricas de macroinvertebrados a um gradiente de stressores múltiplos em riachos mediterrânicos e sua influência na avaliação do estado ecológico. Indicadores Ecológicos , 896-904.

Sa'nchez-Montoya, M., Vidal-Abarca, M., & Sua' rez, M. (2010)). Comparação da sensibilidade de diversas métricas de macroinvertebrados a um gradiente de stressores múltiplos em riachos mediterrânicos e sua influência na avaliação do estado ecológico. Indicadores Ecológicos , 896-904.

sa'nchez-Montoya, M., Vidal-Abarca, M. R., & Sua'rez, M. L. (2010). Comparação da sensibilidade de diversas métricas de macroinvertebrados a um gradiente de stressores múltiplos em riachos mediterrânicos e sua influência na avaliação do estado ecológico. Indicadores Ecológicos , 896-904.

Sen, S. K., Mohapata, S. K., Satpathy, S., & Rao, G. (2010). Caracterização de clones de bactérias isoladas de fontes de água quente e sua aplicabilidade industrial. Jornal Internacional de Pesquisa Química, 2(1), 01-07.

Sigee, D. C. (2005). Freshwater Microbiolog: Biodiversity and Dynamic Interactions of Microorganisms in the Aquatic Environment. Manchester: John Wiley & Sons Ltd.

Smith, A. J., Bode, R. W., & Kleppel, G. S. (2007). Um índice biótico de nutrientes (NBI) para uso com comunidades de macroinvertebrados bentónicos. Ecological Indicators, 371-386.

Smith, B., & Wilson, J. B. (1996). Um guia do consumidor para o índice de regularidade. OIKOS , 70-82.

Stark, J., Fordayce, R., & Witerbourn, M. (1976). UM LEVANTAMENTO ECOLÓGICO DA ÁREA DAS FONTES TERMAIS, RIO HURUNUI, CANTERBURY, NOVA ZELÂNDIA. MÄURI ORÄ, 35-52.

Stranko, S. A., Hiderbrand, R. H., & Palmer, A. M. (2011). Comparando a diversidade de peixes e macroinvertebrados bentônicos de riachos urbanos restaurados com riachos de referência. Sociedade Internacional de Restauração Ecológica, 747-755.

Tamene, B., Bekele, T., & Kelbessa, E. (2000). Um estudo etnobotânico da Vegetação Semi-húmida de Cheffa.

Torrisi, M., Scuri, S., Dell'Uomo, A., & Cocchioni, M. (2010). Monitorização comparativa por meio de diatomáceas, macroinvertebrados e parâmetros químicos de um curso de água dos Apeninos da Itália central: O rio Tenna. Indicadores Ecológicos, 910-913.

Torrisi, M., Scuri, S., Dell'Uomo, A., & Cocchioni, M. (2010). Monitorização comparativa por meio de diatomáceas, macroinvertebrados e parâmetros químicos de um curso de água dos Apeninos da Itália central: O rio Tenna. Indicadores Ecológicos , 910-913.

Tran, C. P., Bode, R. W., Smith, A. J., & Kleppel, G. S. (2010). Proximidade do uso do solo como base para avaliar a qualidade da água dos cursos de água no Estado de Nova Iorque (EUA). Ecological Indicators , 727-733.

Turkmen, G., & Kazanci, N. (2010). Aplicações de vários índices de diversidade a assembleias de macroinvertebrados bentónicos em riachos de um parque natural na Turquia. BALWOIS.

U.S.EPA. (2002). Methods for Evaluating Wetland Condition: Biological Assessmen Methods for Birds (Métodos de avaliação biológica para aves). Washington: Gabinete da Água, Agência de Proteção Ambiental dos EUA.

UN-HABITAT. (2005). A Guidebook for Local Catchment Management in Cities (Guia para a Gestão de Bacias Hidrográficas Locais nas Cidades). NAIROBI: Consultores de Comunicação.

Voshell, J., & Reese, J. (2002). A Guide to Freshwater Invertebrates of North America (Guia de Invertebrados de Água Doce da América do Norte). Mc Donald & Woodward Publishing Co.

Wallace, J. B., & Anderson, N. (2002). HABITAT, HISTÓRIA DE VIDA, E ADAPTAÇÕES COMPORTAMENTAIS DE INSECTOS AQUÁTICOS. In An INTRODUCTION TO THE AQUATIC INSECTS OFF NORTH AMERICA. KENDALL/HUNT PUBLISHING COMPANY.

Wolf, F. C. (1996). DIVERSIDADE DE MACROINVERTEBRADOS AQUÁTICOS E QUALIDADE DA ÁGUA DE LAGOS URBANOS.

ANEXO

Anexo 1. Protocolo de recolha de macro-invertebrados

1. Formulário de avaliação do rio

1. DD/MM/AAAA---

2. Código do sítioNome ---------- do fluxo --

3. Altitude(m)-------------------- coordenadas --

4. Histórico de precipitação do dia anterior ---

Parâmetros físico-químicos

5. Temperatura ambiente(^{0} C)-------------------- temperatura da água(^{0} C)-------------------

6. DO(mg/l) ----------- %EC----------- (nS/cm)----------------- pH ---------------------------

7. Velocidade(m/s)--------- profundidade   da   água(m)

descarga(m^3 /s) ----------

8. Turbidez (NTU) --------- corescheiro--------------

Avaliação do habitat

9. Largura da margem do rio (m) ---------------- Altura da margem (m) ----------------------

10. Leito do rio (%)

a. ------------------ Rochas de leito ---------- e. Cascalho i. paus NLSME

b. ---------------------Ramos de ------------- f. sand j. de Boulder NLSME

c. Coble --------------------g. silt ----------- k. loges NLSME

d. Seixo -------------------h. detritus NLSME

11. Vegetação ripária

a. Árvores>10md------------------------------ . relvado ------------------------------------

b. Árvores<10me ---------------------------- . terra nua------------------------------------

c. Arbustos--

12. Largura da vegetação ripícola ------------------------------ DireitaEsquerda -------------

13. Cobertura do dossel --

14. Proteção da vegetação ripícola Direita ------------------------ Esquerda-----------------

15. %piscina --

16. % riffle ---

17. Sinuosidade ---

18. Declive---

19. Lista das ---perturbações

antropogénicas disponíveis --

20. Utilização dos solos a montante --

21. Utilização adjacente do solo ---------------------- DireitaEsquerda -----------------------

22. Distância entre a exploração agrícola e a margem do rio ----------------------------------

23. Tirar fotografia (número da fotografia) --

2. Avaliação das zonas húmidas

Informações gerais

1. -- DD/MM/AAAAHora

2. Nome da zona ----------------------------------húmidaEstação de amostragem

3. Altitude(M)----------------------------------coordenadas -------------------------

4. Condições climatéricas --

5. Histórico da chuva do dia anterior ---

6. Número da fotografia ---

7. Dimensão do sítio em avaliação (ha) ---

8. Dimensão da zona húmida total (ha) --

Parâmetros físico-químicos (campo)

9. Temperaturas ambientes (^{0} c) ------------------------ pH -------------------------------------

10. Temperatura da água(^{0} c) --------------- DO(mg/l) ---------------- EC(|iS/cm) -----------

11. Turbidez (NTU) ----------------------------- Transparência (cm)---------------------------------

12. Clorofila a(ABS) ----------------------------- (0,1309*ABS+11,274)------------------(gg/l)

13. -- Colorodor --

Parâmetros físico-químicos (laboratório)

14. CODNO2 --------------------------------

15. CloretoNH4----------------------------------

16. --- TSSTN-------------------------------------

17. CBO5-- TP ------------------------------------

18. NO3-- PO4^{3-}-------------------------------------

Avaliação hidrológica

19. Enquadramento geográfico das zonas húmidas --

a. Reverine ---

b. Depressão --

c. Planície de inundação sinuosa--

d. Outros--

20. Configuração do local/grau de isolamento de outras zonas húmidas

a. O sítio está ligado a montante e a jusante a outras zonas húmidas

b. O local só está ligado a montante a outras zonas húmidas

c. O sítio só está ligado a jusante a outras zonas húmidas

d. Existem outras zonas húmidas nas proximidades (num raio de 0,25 milhas), mas não ligadas entre
si

e.   O local da zona húmida está isolado

21.   Profundidade da água livre (cm)

a.   ------------------------- MínimoMáximoMédia---------

22.   Profundidade das lamas

a.   ------------------------ MínimoMáximoMédia---------

23.   Tipo de solo

a.   Orgânico--

b.   Mineral --

c.   Orgânicos e minerais ---

24.   Hidroperíodo aparente

a.   Inundado de forma permanente

b.   Sazonalmente inundado

c.   Saturado (águas superficiais raramente presentes)

d.   Artificialmente inundada

e.   Drenagem artificial

25.   Hidrológico modificado

a.   --- Bueiros de entrada e saída de valas---

b.   Drenagem ------------------------------------ e. Enchimento ou esburacamento-----

c.   Entrada de águas pluviais --------------------- f. Outros especificar --------------------

      Utilização do solo

26.   Padrão de uso do solo adjacente

a.   Agricultura lavrada ------- e. estrada------------------------

b.   Pastagem ------------------ f. comercial--------------------------

c.   Vegetação nativa ---------- g. industrial---------------------------

d.   Zona residencial ----------- h. recreativa ---------------------------

      Avaliação do habitante

27.   Cobertura vegetal hidrófita (%)

a.   Plantas lenhosas ---------------------- e. macrófitas flutuantes ----------------------

b.   Erva aquática ------------------------ f. perifíton---------------------------------------

c.   Macrófitas emergentes -------------- g. algas filamentosas -------------------------

d.   Macrófitas submersas --------------- h. Outros, especificar-------------------------

28.   Fauna das zonas húmidas

a.   Aves (patos) ------------------------- c. invertebrados -------------------------------

b.   Fishd----------------------------------- . outros ---

29.   Actividades antropogénicas terras húmidas terras altas

a. --Cultivo ------------------------
b. --Remoção de árvores ----------
c. --Remoção de arbustos ---------
d. --Plantação de árvores ----------
e. Pastoreio   ----------------------------------- -------------------------------------
f. --Corte de relva -----------------
g. --Fabrico de tijolos -------------
h. Lavagem -- de automóveis --------------
i. Extração de --- argila/cerâmica --------------
j. Descarga --- de resíduos ------------------
k. Pesca   ----------------------------------- -------------------------------------
l. Natação   ----------------------------------- -------------------------------------
30. Outras ameaças potenciais
a. -- Biocidas
agrícolas
b. Poluição de fonte pontual ---
31. Estado ecológico das zonas húmidas
a. Não modificado, --- natural
b. Em grande parte natural, com poucas modificações -------------------------------------
c. Moderadamente -- modificado
d. Amplamente modificado ---
e. Seriamente --modificado
f. Crítico/extremamente ---modificado
32. Observações adicionais

Anexo II: Procedimentos laboratoriais

1. CLORETO (APHA, 1995)

Método Argentométrico

1. Medir o volume de amostra adequado para a gama de cloretos indicada utilizando a tabela seguinte e transferir para um Erlenmeyer de 250 ml ou para uma caçarola de porcelana.

Sample volume mL.	Alkalinity range mg/Las CaCO$_3$
100	1-50
50	51-100
25	101-200
10	201-500

2. Levar o volume total a 100 ml com água destilada se o tamanho da amostra for inferior a 100 ml

3. Preparar um branco de comparação de cores colocando água destilada num frasco semelhante e o volume deve ser igual ao da amostra

4. Adicionar 1 ml de solução indicadora de dicromato de potássio ao branco e à amostra; e misturar

5. Adicionar cuidadosamente ao branco de comparação de cores, a partir de uma bureta, gota a gota, o titulante nitrato de prata até que a cor amarela mude para uma tonalidade acastanhada.

6. Registar os ml de titulante de nitrato de prata consumidos.

7. Se a amostra ficar amarela, adicionar gradualmente nitrato de prata titulado a partir de uma bureta. Agitar o frasco continuamente e continuar a adicionar o titulante até que a amostra adquira a mesma cor laranja-avermelhada do branco de comparação de cores.

8. Registar os mL de titulante de nitrato de prata consumidos.

9. Cálculo:

$$mg\ Cl/L = \frac{(A-B) \times N \times 35{,}450}{Ml\ de\ amostra}$$

Onde

A= Titulação em ml para a amostra

B= titulação em ml para o branco, e

N= normalidade do nitrato de prata

Mg NaCl/L = (mg Cl/L) x 1,65

Nota:

1. Titular diretamente a amostra na gama de P H de 7 a 10. Ajustar o P H da amostra para 7 a 10 com H2SO4 ou NaOH, se não estiver neste intervalo.

2. para amostras muito coloridas é necessário clarificar com suspensão de hidróxido de alumínio

3) Se estiver presente sulfureto, sulfito ou tiossulfato, adicionar 1 ml de peróxido de hidrogénio e agitar durante 1 minuto.

2. <u>FOSFATO</u> (APHA, 1995)

<u>Método do cloreto estanoso</u>

Determinação de ortofosfato

1. Preparar a seguinte série de padrões de fosfato, medindo o volume indicado da solução-padrão de fosfato em balões volumétricos de 100 ml separados (ou cilindros graduados).

Standard Phosphate Solution. mL	Phosphate (PO_4^3) µg/100 mL
0	0
1	5
2	10
3	15
4	20
5	25
6	30

2. Adicionar à amostra 0,05 ml (1 gota) de solução indicadora de fenolftaleína. Se a amostra ficar cor-de-rosa, adicionar gota a gota uma solução de ácido forte até a cor desaparecer

3. Com uma pipeta graduada, adicionar 4 ml de solução de molibdato ácido a cada um dos padrões e amostras

4. Misturar bem, invertendo cada frasco quatro a seis vezes.

5. Com um conta-gotas, adicionar 0,5 mL (10 gotas) de solução de cloreto estanoso a cada um dos padrões e amostras.

6. Tapar e misturar invertendo cada frasco quatro a seis vezes

7. Após 10 minutos, mas antes de 12 minutos, medir a fotografia colorida a 690 nm, utilizando água destilada como branco.

8. Construir uma curva de calibração utilizando os padrões e determinar a quantidade de fosfato em |1 g presente na amostra.

9. Cálculo

Cálculo

    a) mg/L $PO4^3$ = pg fosfato

            Ml de amostra

    b) mg/L P = I-^{1} g $PO4^3$ -X 0,32614

            Ml de amostra

C) mg/L P2O5 = Hg $PO4^3$ x 1,4946

Ml de amostra

3. Método de despiste espetrofotométrico no ultravioleta para a determinação de nitratos

Discussão geral

Princípio

Utilizar esta técnica apenas para amostras de rastreio com baixos teores de matéria orgânica, ou seja, águas naturais não contaminadas e fontes de água potável. A curva de calibração do NO_3^- segue a lei de Beer até 11 mg N/L.

A medição da absorção UV a 220 nm permite a determinação rápida deNO_3^- . Dado que a matéria orgânica dissolvida também pode absorver a 220 nm e que o NO_3^- não absorve a 275 nm, pode ser utilizada uma segunda medição efectuada a 275 nm para corrigir o valor de NO_3^- . A extensão da correção empírica está relacionada com a natureza e a concentração da matéria orgânica e pode variar de uma água para outra. Consequentemente, este método não é recomendado se for necessária uma correção significativa da absorvância da matéria orgânica, embora possa ser útil na monitorização dos níveis de NO_3^- numa massa de água com um tipo constante de matéria orgânica. Os factores de correção para a absorvância da matéria orgânica podem ser estabelecidos pelo método das adições em combinação com a análise do teor original de NO_3^- por outro método. A filtração das amostras destina-se a eliminar eventuais interferências de partículas em suspensão. A acidificação com HCl 1 N destina-se a evitar a interferência de concentrações de hidróxidos ou carbonatos até 1000 mg CaCO3/L. O cloreto não tem qualquer efeito na determinação.

Interferência

A matéria orgânica dissolvida, os tensioactivos, o NO_2^- e o Cr^{6+} interferem. Vários iões inorgânicos que não se encontram normalmente na água natural, como o clorito e o clorato, podem interferir. As substâncias inorgânicas podem ser compensadas por uma análise independente da sua concentração e pela preparação de curvas de correção individuais.

Aparelhos

Espectrofotómetro com cuvete que transmite luz UV, que foi utilizada em quartzo.

Reagentes

Água sem nitratos: Utilizar água desionizada redestilada ou destilada da mais alta pureza para preparar todas as soluções e diluições.

Solução-mãe de nitrato: Secar o nitrato de potássio (KNO_3) numa estufa a 105 °C durante 24 h. Dissolver 0,7218 g em água e diluir a 1000 mL; 1,00 mL = 100 Cg $NO3^-$ -N.

Solução intermédia de nitrato: Diluir 100 mL de solução-mãe de nitrato para 1000 mL com água, 1,00 mL = 10,0 Dg $NO3^-$ -N.

Solução de ácido clorídrico, HCl, 1 N.

Procedimento

Tratamento da amostra

A 50 mL de amostra límpida, filtrada se necessário, adicionar 1 mL de solução de HCl e misturar bem. Preparação da curva padrão

Preparar padrões de calibração de N O -3 na gama de 0 a 7 mg de N O -3 -N/L diluindo a 50 mL os seguintes volumes de solução intermédia de nitrato: 0, 1,00, 2,00, 4,00, 7,00... 35,0 mL. Tratar NÃO 3- padrões da mesma forma que as amostras.

Medição espectrofotométrica

Ler a absorvância utilizando água destilada desionizada como referência. Utilizar um comprimento de onda de 220 nm para obter a leitura de N O -3 e um comprimento de onda de 275 nm para determinar a interferência devida à matéria orgânica dissolvida.

Cálculo

Para amostras e padrões, subtrair duas vezes a leitura da absorvância a 275 nm da leitura a 220 nm para obter a absorvância devida aoNO_3^-. Construir uma curva-padrão traçando a absorvância devida ao $N O_3^-$ em função da concentração de NO_3^- -N do padrão. Utilizando a absorvância corrigida da amostra, obter as concentrações da amostra diretamente a partir da curva padrão. Nota: Se o valor de correção for superior a 10% da leitura a 220 nm, não utilizar este método (APHA, 1995).

Tabela. Taxa de macroinvertebrados em 12 locais de amostragem de fontes termais na região de Amhara Oriental, 2013

site code	A1	A2	A3	B1	B2	B3	H1	H2	H3	S1	S2	S3
Baetidae	0	0	0	0	0	4	0	2	0	0	42	10
Belostomatidae	0	0	0	0	1	0	0	0	0	0	2	5
Caenidae	0	0	0	0	0	0	0	0	0	0	38	7
Chironomidae	58	4	7	0	59	33	0	3	23	4	167	139
Coenagrionidae	0	3	7	0	7	23	0	0	0	0	18	0
Corbiculidae	0	0	0	0	2	0	0	0	0	0	0	0
Corixidae	0	0	1	0	0	3	0	0	0	0	18	0
Culicidae	0	0	0	0	0	1	0	1	0	0	0	0
Dolichopodidae	0	0	0	0	0	0	0	0	0	0	7	0
Dytiscidae	0	0	0	0	1	0	0	0	0	0	0	0
Gammaridae	0	0	0	0	0	0	0	0	0	0	7	0
Gomphidae	0	0	22	0	67	5	0	2	0	0	13	3
Haliplidae	0	0	0	0	1	0	0	4	1	0	122	12
Heptagenidae	0	0	0	0	0	1	0	0	0	0	0	0
Hydrobiidae	7	6	23	0	0	0	0	0	0	0	0	0
Hydrophilidae	0	0	0	0	0	1	0	0	0	0	0	0
Hydropsyschidae	0	0	0	0	0	1	0	0	0	0	0	0
Lymnaeidae	0	2	0	0	0	0	0	0	0	0	2	0
Mesovelidae	0	0	0	0	0	0	0	1	0	0	0	0
Naucoridae	0	0	0	0	0	3	0	0	0	0	0	5

Oligochaeta	0	7	1	0	0	1	0	0	0	0	0	0
Physidae	0	0	1	0	0	0	0	0	0	0	0	0
Planorbidae	0	0	14	0	0	0	0	0	0	0	0	0
Psychodidae	0	0	0	0	0	0	0	0	0	0	37	0
Sphariidae	0	0	0	0	0	2	0	0	0	0	0	0
Tabanidae	0	0	2	0	1	0	0	0	0	0	0	0
Tipulidae	0	1	0	0	0	0	0	0	0	0	0	0
Valvatidae	0	6	2	0	0	0	0	0	0	0	1	0
Viviparidae	0	1	3	0	1	2	0	0	0	0	0	0
Water spider	0	0	1	0	0	0	0	0	0	0	0	0

More
Books!